高职高专机电类工学结合模式教材

机械装配技术

董彤　编著

清华大学出版社
北京

内 容 简 介

本书包括螺纹连接的拆装与调整、滚动轴承的拆装与调整、带传动机构的拆装与调整、链传动机构的拆装与调整、齿轮传动机构的拆装与调整、密封件的拆装与调整、联轴器的拆装与调整、制动器的拆装与调整共8个项目。通过丰富的图片、插图和简练的文字阐述每个具体工作任务的操作方法和工作要求。

本书可作为高职高专及应用型本科机械制造大类相关专业学生作为教材使用，也可供广大从事机械制造的工程技术人员参考使用。

图书在版编目(CIP)数据

机械装配技术/董彤编著. —北京：清华大学出版社，2014(2020.9重印)
(高职高专机电类工学结合模式教材)
ISBN 978-7-302-34307-3

Ⅰ. ①机…　Ⅱ. ①董…　Ⅲ. ①装配(机械)—高等职业教育—教材　Ⅳ. ①TH16

中国版本图书馆CIP数据核字(2013)第253130号

责任编辑：刘翰鹏
封面设计：傅瑞学
责任校对：李　梅
责任印制：杨　艳

出版发行：清华大学出版社
　　网　　址：http://www.tup.com.cn，http://www.wqbook.com
　　地　　址：北京清华大学学研大厦A座　　**邮　　编**：100084
　　社 总 机：010-62770175　　**邮　　购**：010-62786544
　　投稿与读者服务：010-62776969，c-service@tup.tsinghua.edu.cn
　　质量反馈：010-62772015，zhiliang@tup.tsinghua.edu.cn
　　课件下载：http://www.tup.com.cn，010-83470410
印 装 者：北京鑫海金澳胶印有限公司
经　　销：全国新华书店
开　　本：185mm×260mm　　**印　张**：10.25　　**字　　数**：234千字
版　　次：2014年2月第1版　　**印　　次**：2020年9月第7次印刷
定　　价：29.00元

产品编号：052407-02

FOREWORD

前言

本书紧密围绕高等职业教育人才培养目标和人才培养需求来确定内容，它是为适应机械装配技术专业教学改革需要，结合国内外先进的机械装配培训理念，通过企业调查与专家论证编写而成的。

本书以项目导入教学，理论知识紧扣项目，以实用和够用为度；技能训练部分操作指导详尽，注重拆装操作的过程控制，有利于规范学生的操作程序，并使学生养成良好的作业习惯。全书共有8个项目，均是从实践中归纳并提炼出来的，适合教师教学和学生学习训练的典型项目。项目1是螺纹连接的拆装与调整；项目2是滚动轴承的拆装与调整；项目3是带传动机构的拆装与调整；项目4是链传动机构的拆装与调整；项目5是齿轮传动机构的拆装与调整；项目6是密封件的拆装与调整；项目7是联轴器的拆装与调整；项目8是制动器的拆装与调整。每一个项目首先明确学习任务与目标(学习目标)；其次结合项目，讲述其相关理论知识(相关知识)；再次借以丰富的图片、插图和简练的文字阐述每个具体工作任务的操作方法和工作要求(技能训练)；最后设置了思考题，让学生在理论学习和操作之后得到理论的提升。

本书主要特点是对传统操作内容进行了筛选，抛弃已过时和难度较大的内容，具有很强的实用性；在保留装配操作技能的基础上，更加侧重于装配精度的调整，以如何提高装配质量入手，树立质量品质意识，并将文明生产、安全生产、“6S”操作规范贯穿在训练过程的始终，注重作业习惯的养成。本书较多地采用了新工艺、新技术、新设备、新工具、新标准，力求与企业的生产实际同步，代表一线的生产技术。本书不受传统模式局限，既不偏重技术知识的介绍，也不过分强调实际操作能力的培养，而是将专业知识和操作技能有机地融于一体，突出了职业能力的养成。

本书由大连职业技术学院董彤主编。由于编者水平有限，书中难免存在不妥与疏漏之处，恳请读者批评指正。

编　者

2013年10月

CONTENTS

目录

1
项目

螺纹连接的拆装与调整

能力目标

(1) 能识别各种螺纹连接类型。

(2) 能正确选用螺纹连接拆装工具。

(3) 能控制螺纹连接质量。

(4) 能按照“6S”操作要求,完成螺纹连接拆装工作。

1.1 相关知识

螺纹连接是用螺纹件(或被连接件的螺纹部分)将被连接件连成一体的可拆连接。在设备拆装和维修保养中,螺纹连接的拆卸与安装工作量非常大,大约占总工作量的60%。因此,掌握螺纹连接拆装方法,对于提高作业的质量与效率具有积极意义。

一、常用螺纹连接类型

常用螺纹连接有以下4种类型。

1. 螺栓连接

普通螺栓连接如图1-1所示,被连接件不是太厚,螺杆带钉头,通孔不带螺纹,螺杆穿过通孔与螺母配合使用。装配后孔与杆间有间隙,并在工作中不会消失,结构简单,装拆方便,可多次装拆,应用较广。

2. 双头螺柱连接

双头螺柱连接如图1-2所示,螺杆两端无钉头,但均有螺纹,装配时一端旋入被连接件,另一端配以螺母,适于常拆卸而被连接件之一较厚时。拆装时只需拆螺母,而不将双头螺栓从被连接件中拧出。

3. 螺钉连接

螺钉连接如图1-3所示,适于被连接件之一较厚(上带螺纹孔),不需经常装拆，一端有螺钉头，不需螺母，适于受载较小情况。

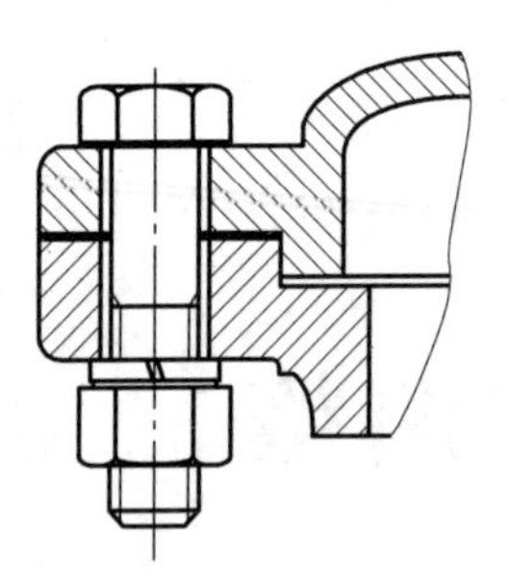

图 1-1　螺栓连接

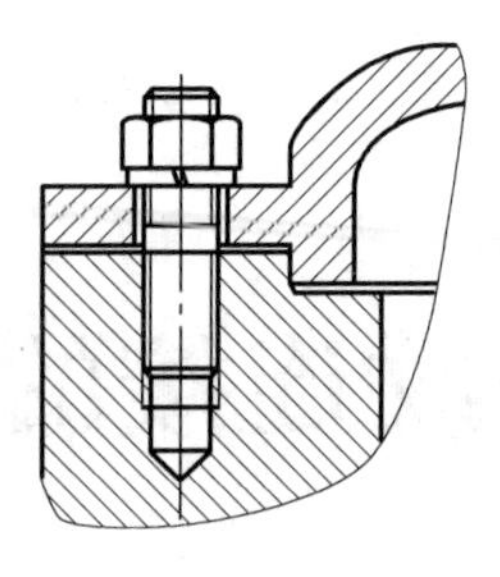

图 1-2　双头螺柱连接

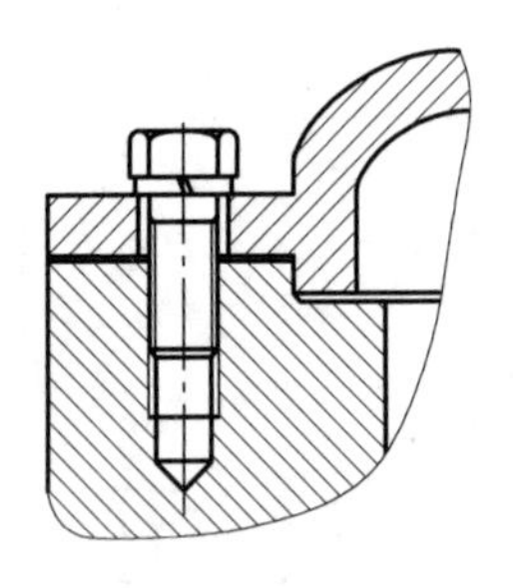

图 1-3　螺钉连接

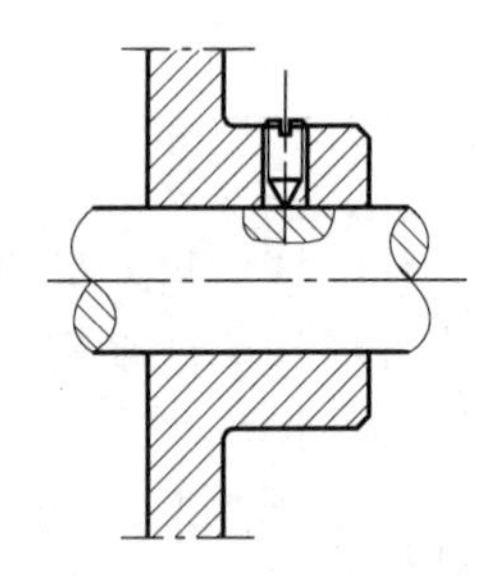

图 1-4　紧定螺钉连接

4. 紧定螺钉连接

紧定螺钉连接如图 1-4 所示，拧入后，利用杆末端顶住另一零件表面或旋入零件相应的缺口中以固定零件的相对位置，可传递不大的轴向力或扭矩。

二、常用螺纹连接拆装工具选择与使用

螺纹连接拆装工具应根据螺纹连接类型进行选择，并按照工具的安全使用规程进行正确的操作。

1. 螺栓连接拆装工具的选用

常用螺纹连接拆装工具有：活动扳手、开口扳手、梅花扳手、两用扳手、套筒扳手、棘轮扳手、扭力扳手、气动扳手、电动扳手等，如图 1-5 所示，选用时应遵循如下原则。

(1) 所选用的扳手的开口尺寸必须与螺栓或螺母的尺寸相符合，如图 1-6 所示，扳手开口过大易滑脱并损伤螺件的六角，在拆装过程中，应注意扳手公英制的选择；另外，实际应用时还需根据螺纹连接件所处空间位置灵活选用，如图 1-7 所示。

(2) 为防止扳手损坏和滑脱，应注意拉力的作用方向，这一点对于受力较大的活动扳手尤其应该注意，以防开口出现“八”字形，损坏螺母和扳手，如图 1-8 所示。

(3) 普通扳手是按人手的力量来设计的，遇到较紧的螺纹件时，不能用手锤击打扳手；除套筒扳手外，其他扳手都不能套装加力杆，以防损坏扳手或螺纹连接件，如图 1-9 所示。

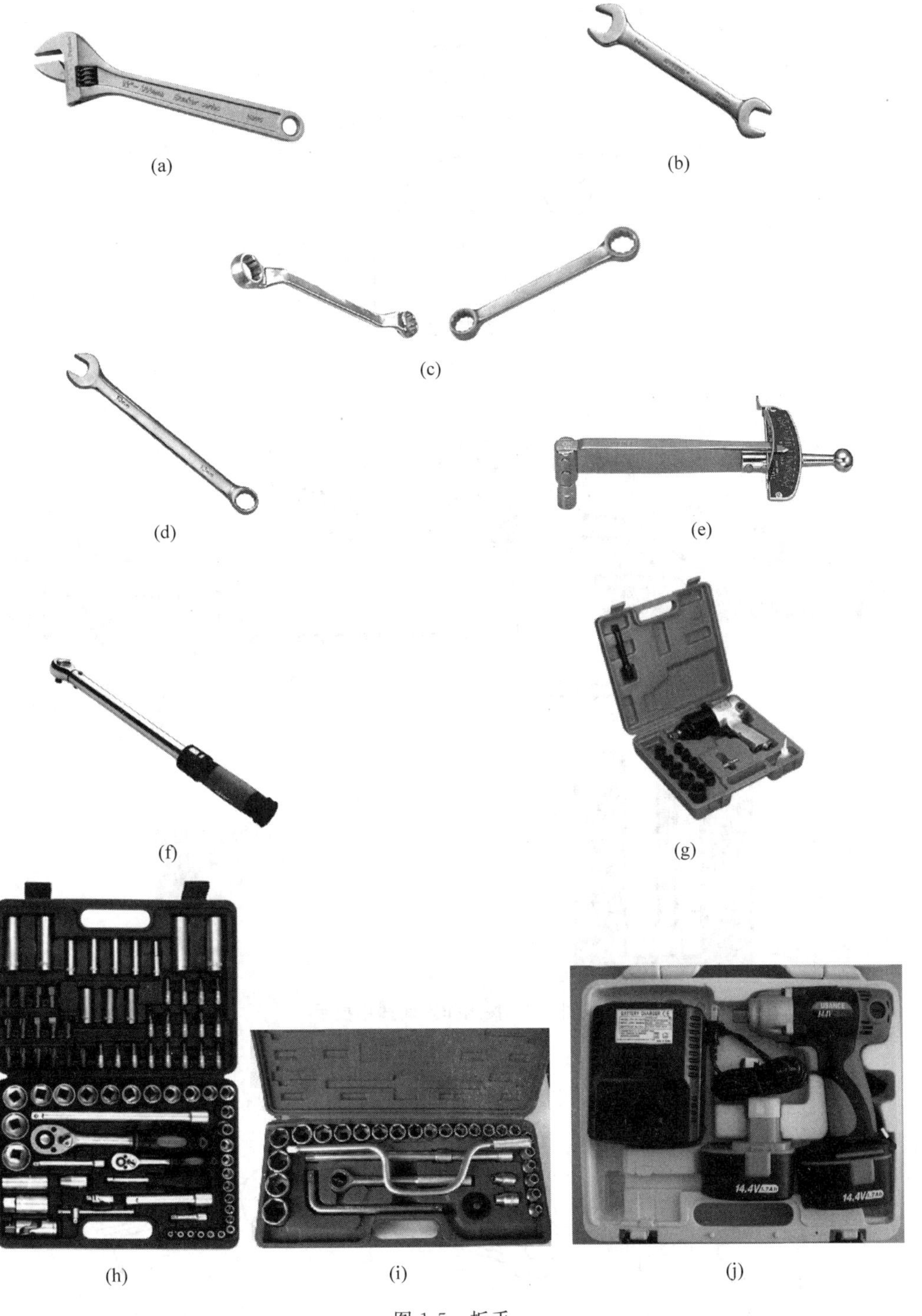

图 1-5　扳手

(a) 活动扳手；(b) 开口扳手；(c) 梅花扳手；(d) 两用扳手；(e) 指针式扭力扳手；(f) 可调式扭力扳手；(g) 气动扳手；(h)棘轮套筒扳手；(i) 套筒扳手；(j) 电动扳手

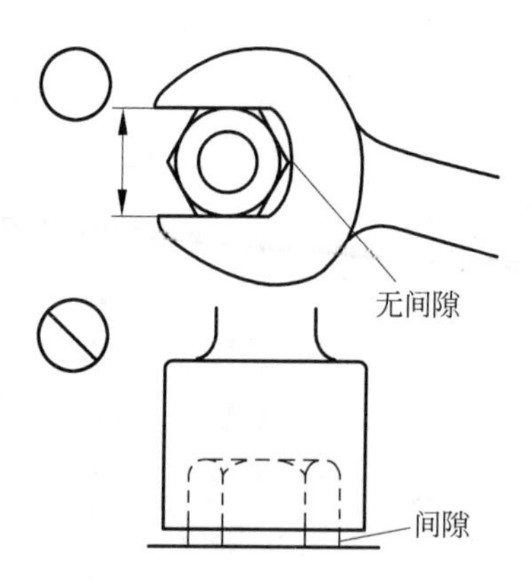

图 1-6　扳手规格选用

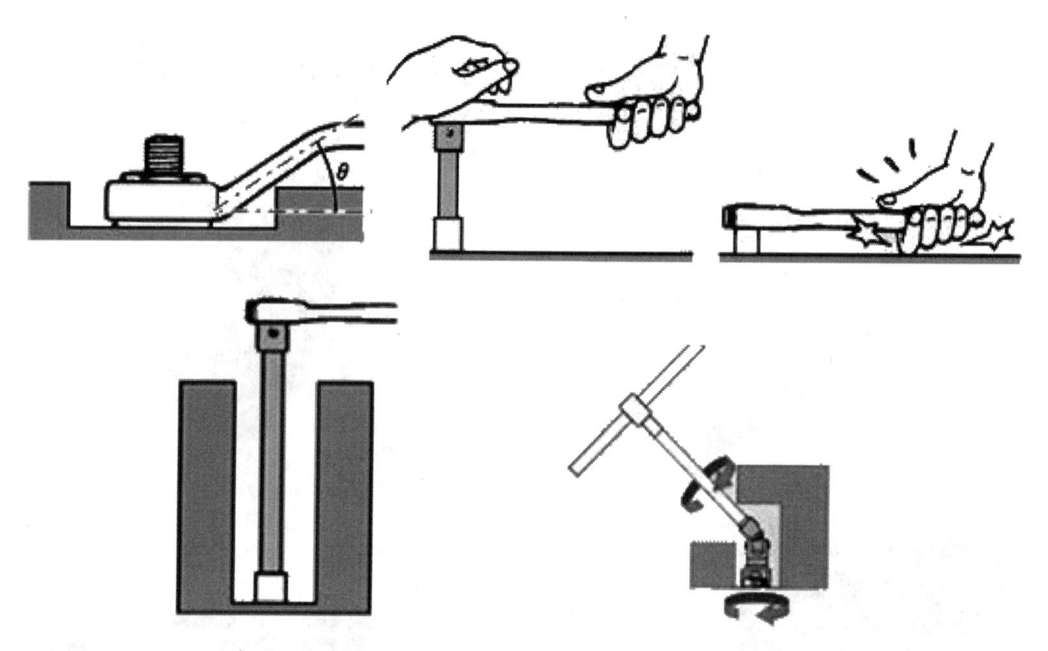

图 1-7　按工作空间选用扳手

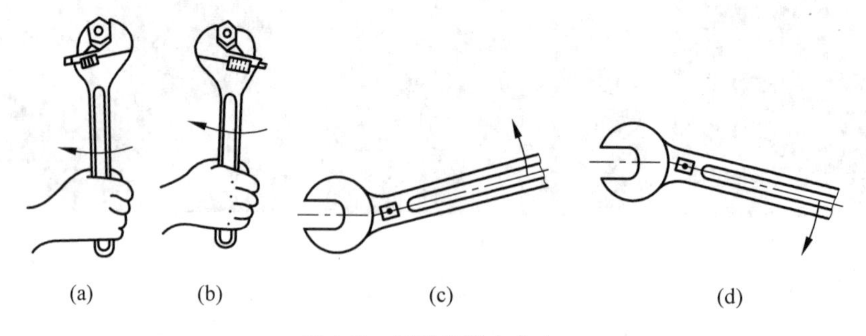

图 1-8　扳手作用力方向

(a) 正确；(b) 错误；(c) 旋松时；(d) 拧紧时

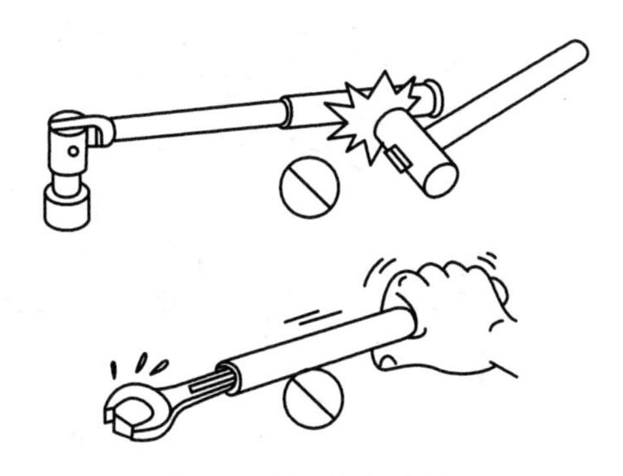

图 1-9 扳手的错误操作

(4) 各类扳手的选用原则,一般优先选用套筒扳手,其次为梅花扳手,再次为开口扳手,最后选活动扳手。具体原则如下。

① 根据工作的类型选择工具。为拆下和更换螺栓/螺母或拆下零件,使用成套套筒扳手比较普遍。如果由于工作空间限制不能使用成套套筒扳手,可按其顺序选用梅花扳手或开口扳手。

② 根据工作进行的速度选择工具。套筒扳手的用处在于它能旋转螺栓/螺母而不需要重新调整。套筒扳手可以根据所装的手柄以各种方式工作。

棘轮扳手适合在狭窄空间中使用。然而,由于棘轮的结构,它不可能获得很高的扭矩,如图 1-10 所示。

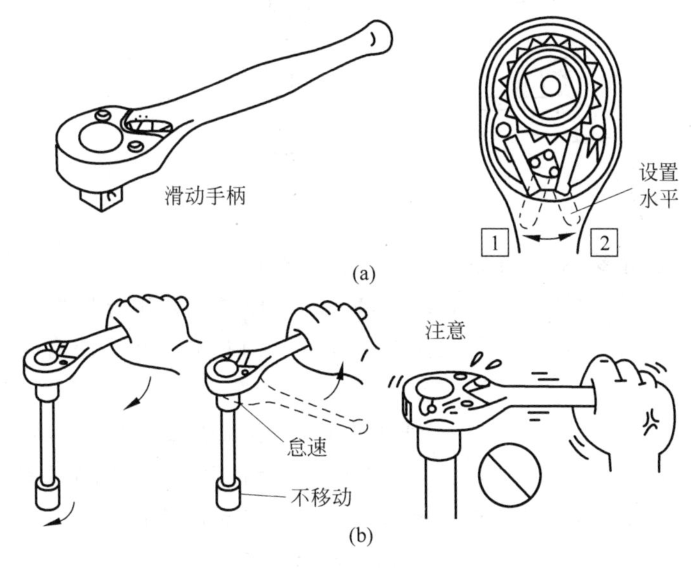

图 1-10 棘轮扳手的使用

(a) 拧松; (b) 拧紧

滑动手柄要求极大的工作空间,但它能提供最快的工作速度,如图 1-11 所示。

旋转手柄在调整好手柄后可以迅速工作。但此手柄很长,很难在狭窄空间使用,如图 1-12 所示。

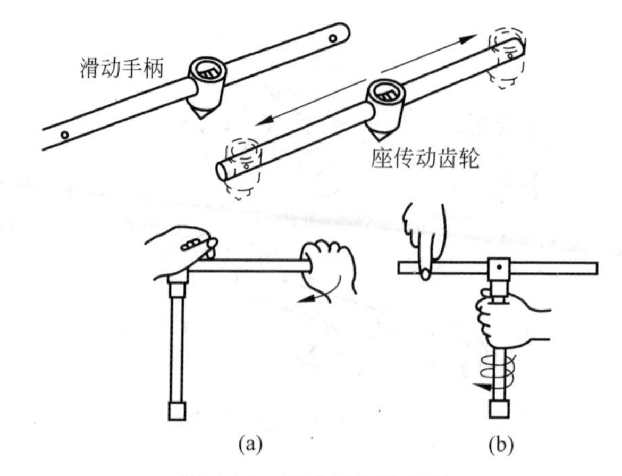

图 1-11 滑动手柄的使用

(a) L 形：改进扭矩；(b) T 形：增加速度

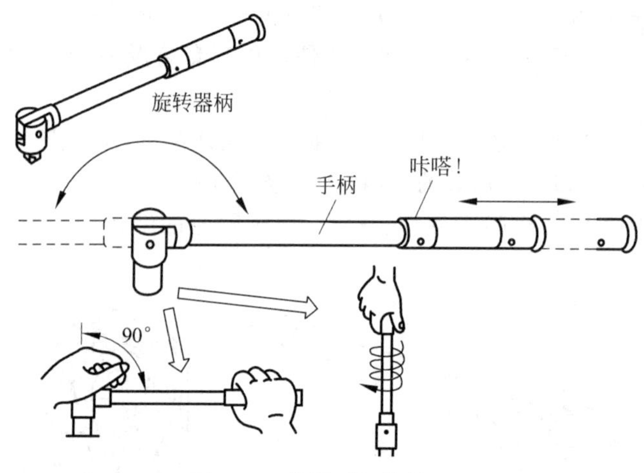

图 1-12 旋转手柄的使用

若螺纹连接数量多，需大幅度提高工作效率时，应选用电动或气动扳手。

③ 根据旋转扭矩的大小选用工具。如果最后拧紧或开始拧松螺栓/螺母需要大扭矩，那么使用允许施加大力的扳手，如开口扳手。如对扭紧力矩大小有要求时，应该使用扭力扳手，如图 1-13 所示。

注意：使用扭力扳手时，应保持扳手水平和垂直，左手托住或扶着扭力扳手的转动顶端，右手拉动手柄，缓慢旋转施加扭力，直到扳手指针指向符合工艺要求的扭力值时，立即停止施加扭力；可调式扭力扳手使用前应根据实际需要调节扭紧力矩大小，旋转施加扭力只要听到"咔嗒！"声应立即停止施加扭力，防止损坏扳手；若长时间不用，应将扭力值调节到最小处。

补充：螺栓扭紧力矩的大小可通过表 1-1 查得，其中 K_1 取 0.15，适用于螺纹连接无润滑且相对清洁的场合；K_1 取 0.2 适用于螺纹连接有润滑且相对较脏的场合，此外，螺纹连接扭矩大小影响因素较多，如螺纹连接件材料、被连接表面摩擦系数、被连接件材料等，详见相关标准。

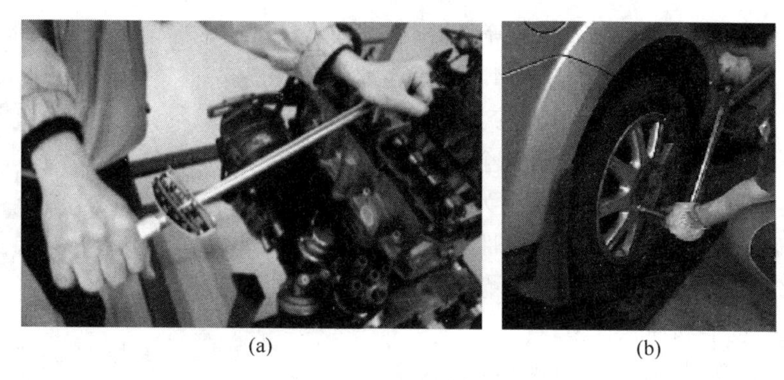

(a)　　　　　　　　(b)

图 1-13　扭力扳手的使用

(a) 指针式扭力扳手的使用；(b) 定力矩扭力扳手的使用

表 1-1　螺栓拧紧力矩

Major Diameter & Thread Pitch(螺纹外径和螺距)	Screw or Bolt Nomiral Size(螺钉或螺栓的公称尺寸) D(mm)	Stress Area(应力面积) (mm²)	Class 4.6		Class 4.8		Class 5.8		Class 8.8	
			K_1=0.15 (N·m)	K_2=0.20 (N·m)	K_1=0.15 (N·m)	K_2=0.20 (N·m)	K_1=0.15 (N·m)	K_2=0.20 (N·m)	K_1=0.15 (N·m)	K_2=0.20 (N·m)
M3	3	5.03	0.4	0.5	0.5	0.7				
M3.5	3.5	6.78	0.6	0.8	0.8	1.1				
M4	4	8.78	0.9	1.2	1.2	1.6				
M5	5	14.2	1.8	2.4	2.5	3.3	3.0	4.0		
M6	6	20.1	3.1	4.1	4.2	5.6	5.2	6.9		
M8	8	36.6	7.4	9.9	10.2	13.6	12.5	16.7	19.8	26.4
M8X1	8	39.2	7.9	10.6	10.9	14.6	13.4	17.9	21.2	28.2
M10	10	58	14.7	19.6	20.2	27.0	24.8	38.1	39.2	52.2
M10X1.25	10	61.2	15.5	20.7	21.3	28.5	26.2	34.9	41.3	55.1
M10X1	10	64.5	16.3	21.8	22.5	30.0	27.6	36.8	43.5	58.1
M12	12	84.3	25.6	34.1	35.3	47.0	43.2	57.7	68.3	91.0
M12X1.5	12	88.1	26.8	35.7	36.9	49.2	45.2	60.3	71.4	95.1
M12X1.25	12	92.1	28.0	37.3	38.5	51.4	47.2	63.0	74.6	99.5
M14	14	115	40.8	54.3	56.1	74.9	68.8	91.8	108.7	144.9
M14X1.5	14	125	44.3	59.1	61.0	81.4	74.8	99.8	118.1	157.5
M16	16	157							169.6	226.1
M16X1.5	16	167							180.4	240.5
M20	20	245							330.8	441.0
M20X1.5	20	272							367.2	489.6
M24	24	353							571.9	762.5
M24X2	24	384							622.1	829.4
M30	30	561							1186.0	1514.7
M30X2	30	621							1257.5	1676.7
M36	36	817							1985.3	2647.1
M36X3	36	865							2102.0	2802.6

表 1-1 中 Class 4.6、Class 4.8 等是指螺栓性能等级，通常标记于螺栓头部，如图 1-14 所示。螺栓性能等级分 3.6、4.6、4.8、5.6、6.8、8.8、9.8、10.9、12.9 等 10 余个等级，其中 8.8 级及以上螺栓材质为低碳合金钢或中碳钢并经热处理（淬火、回火），通称为高强度螺栓，其余通称为普通螺栓。螺栓性能等级标号有两部分数字组成，分别表示螺栓材料的公称抗拉强度值和屈强比值。

图 1-14 螺栓性能等级

例如，性能等级 4.6 级的螺栓，其含义如下。

(1) 螺栓材质公称抗拉强度达 400MPa。

(2) 螺栓材质的屈强比值为 0.6。

(3) 螺栓材质的公称屈服强度达 400×0.6=240MPa。

2. 双头螺柱连接拆装工具选用

在设备拆装过程中经常会遇到双头螺柱连接，其拆装过程相对比较复杂，工具的选用亦是如此。传统的拆装方法是利用两个背紧螺母和扳手借助螺纹副摩擦力来实现的，如图 1-15 所示。如今，专用的拆装工具越来越多，下面介绍几种常用双头螺柱拆装专业工装。

如图 1-16 所示，先将双头螺柱的一端拧入长螺母螺纹孔内，随后旋转止动螺钉顶紧双头螺柱端面，这样就可以在旋转长螺母拆卸双头螺柱时阻止长螺母与双头螺柱间的相对运动，即可方便地将双头螺柱拆卸下来。

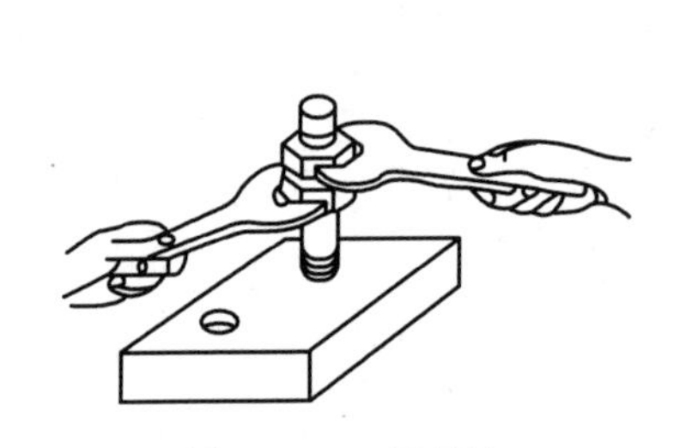

图 1-15 双螺母法

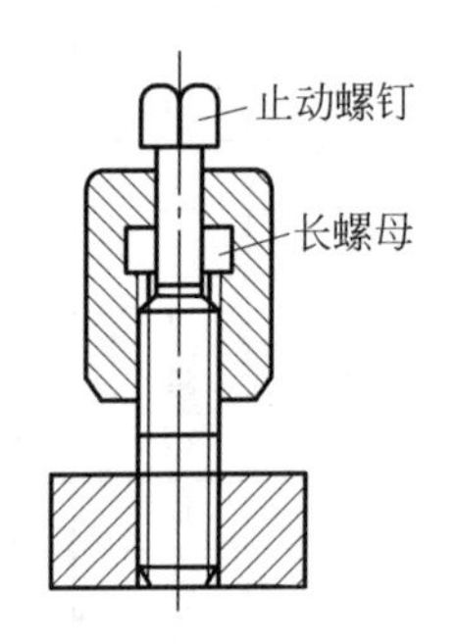

图 1-16 止动螺钉加长螺母法

如图 1-17 所示，将双头螺柱的一端套在套筒孔内，然后通过旋转偏心盘夹紧双头螺柱，这样就可以通过旋转手柄对双头螺柱进行装拆。

如图 1-18 所示，该工具的使用方法是：①将双头螺柱的一端拧入工具体螺纹孔内；②顺时针转动手柄将双头螺柱的另一端拧入基体螺纹孔内，并用力锁紧；③逆时针转动手柄，工具体即与双头螺柱脱离；④装上装配件，用工具体内六角将螺母拧紧，即完成全部装配过程。

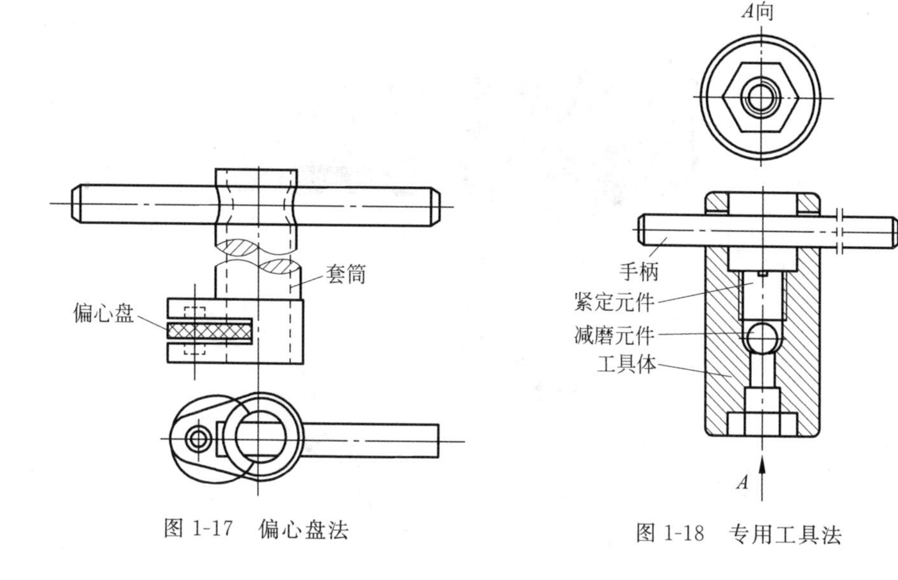

图 1-17 偏心盘法

图 1-18 专用工具法

3. 螺钉与紧定螺钉连接拆装工具选用

常用螺钉根据其头部形状可分为如图 1-19 所示的 3 种类型，常用紧定螺钉根据其头部形状可分为如图 1-20 所示的两种类型。螺钉与紧定螺钉连接拆装工具应根据螺钉头部形状进行选择，常用螺丝刀种类如图 1-21 所示。螺丝刀使用时应严格按照其操作规程进行，具体要求如下。

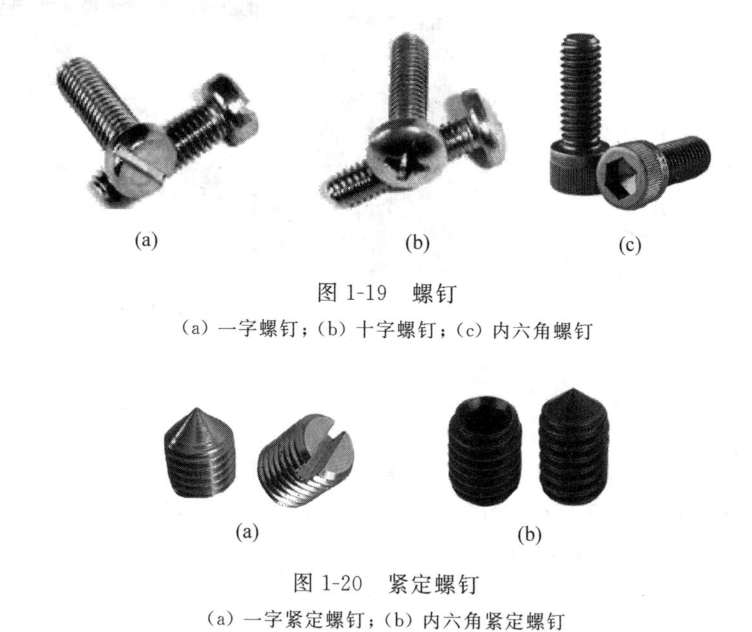

(a) (b) (c)

图 1-19 螺钉

(a) 一字螺钉；(b) 十字螺钉；(c) 内六角螺钉

(a) (b)

图 1-20 紧定螺钉

(a) 一字紧定螺钉；(b) 内六角紧定螺钉

(1) 在使用前应先擦净螺丝刀柄和口端的油污，以免工作时滑脱而发生意外，使用后也要擦拭干净。

(2) 选用的螺丝刀口端应与螺栓或螺钉上的槽口相吻合，如图 1-22 所示，并检查螺

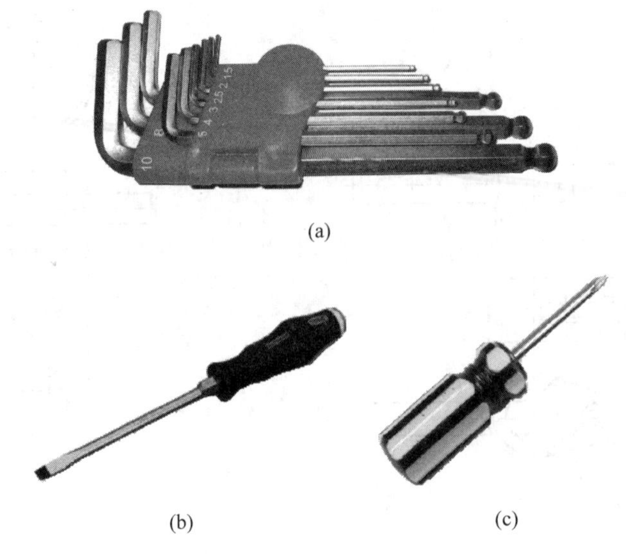

图 1-21　螺钉拆装工具

(a) 内六角扳手；(b) 一字螺丝刀；(c) 十字螺丝刀

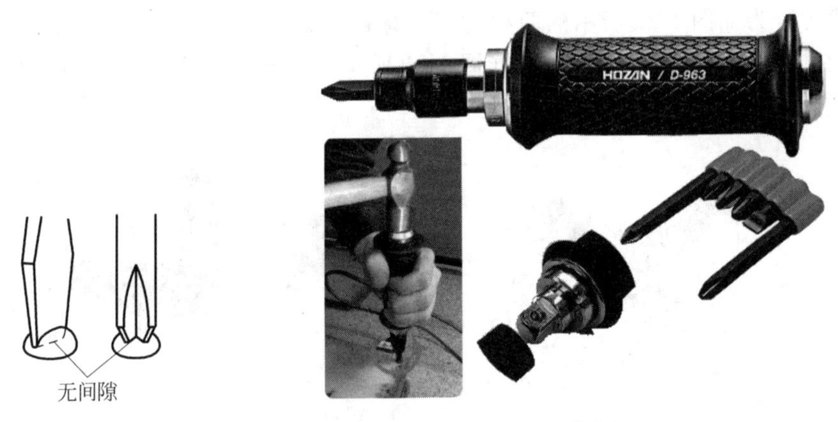

图 1-22　螺丝刀规格选择

图 1-23　冲击螺丝刀

丝刀头部有无破损。

(3) 使用时,不可用螺丝刀当撬棒或凿子使用。

(4) 禁止将工作物拿在手上拆装螺钉,以防螺丝刀滑出伤手。

(5) 禁止用手锤锤击普通螺丝刀,但冲击螺丝刀除外,如图 1-23 所示,主要用来松动锈死或者被冷焊住的螺栓,也可以用于最终紧固螺栓。

(6) 螺丝刀正确的使用方法是以右手握持螺丝刀,手心抵住柄端,让螺丝刀口端与螺钉槽口处于垂直吻合状态,如图 1-24 所示。当开始拧松或最后拧紧一字和十字头螺钉时,应用力将螺丝刀压紧后再用手腕力扭转螺丝刀；当螺钉松动后,

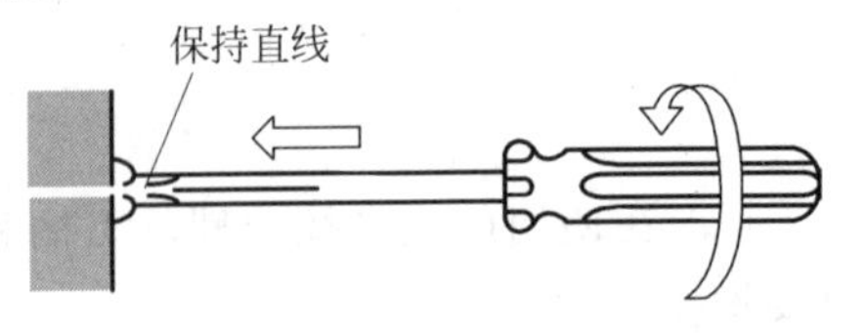

图 1-24　螺丝刀正确使用方法

即可使手心轻压螺丝刀柄，用拇指、中指和食指快速转动螺丝刀。当开始拧松或最后拧紧内六角螺钉时，应使用内六角扳手的方头进行操作，当螺钉松动后，可改用圆头，快速旋转扳手，完成操作。

三、螺纹连接拆装操作要点

(1) 螺钉或螺母与工件贴合的表面要光洁、平整。

(2) 要保持螺钉或螺母与接触表面的清洁。

(3) 螺孔内的脏物应清理干净。

(4) 成组的螺母在拧紧时要按一定顺序进行，如图 1-25 所示，并做到分次逐步审批拧紧(一般不少于 3 次)。

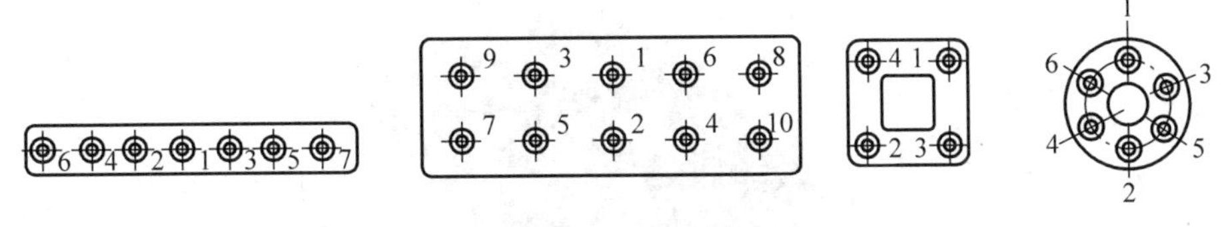

图 1-25 螺母拧紧顺序

(5) 必须按一定的拧紧力矩拧紧，必要时使用扭力扳手。

(6) 凡有振动或受冲击力的螺纹连接，都必须采用防松装置。

① 摩擦力防松法，如图 1-26 所示。

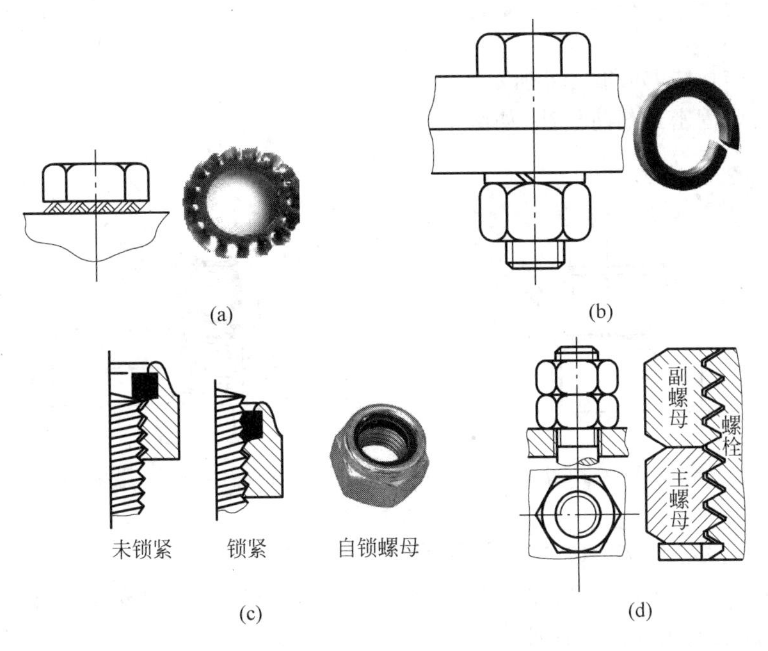

图 1-26 摩擦力防松法

(a) 齿形垫防松；(b) 弹簧垫防松；(c) 自锁螺母防松；(d) 双螺母防松

② 机械防松法，如图 1-27 所示。

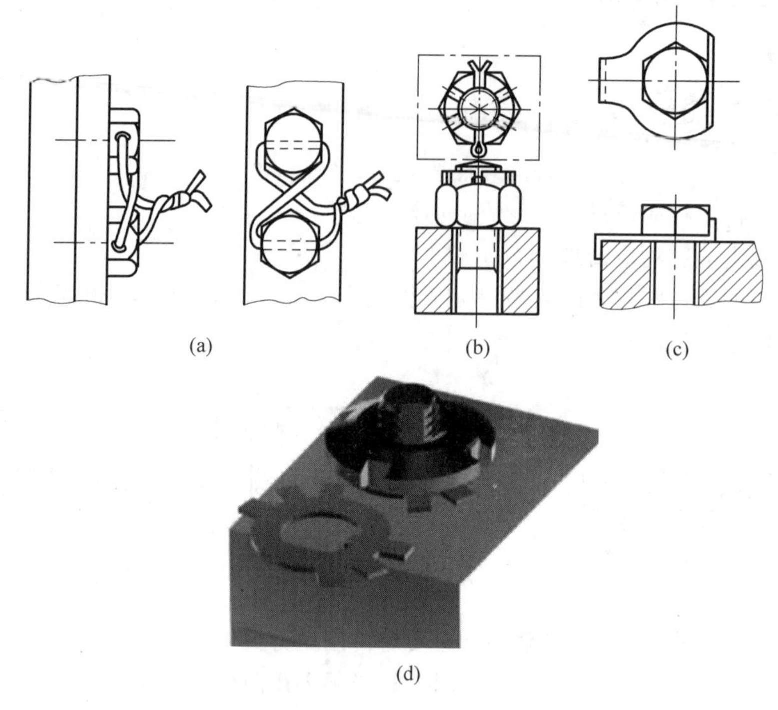

图 1-27　机械防松法

(a) 绕钢丝法；(b) 开口销与带槽螺母法；(c) 带舌止动垫片法；(d) 圆螺母与止动垫片法

③ 永久防松法，如图 1-28 所示。

④ 螺纹紧固密封剂防松法，如图 1-29 所示。

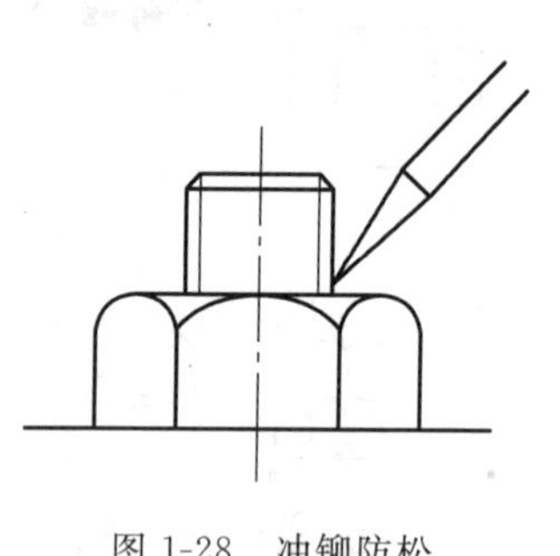

图 1-28　冲铆防松

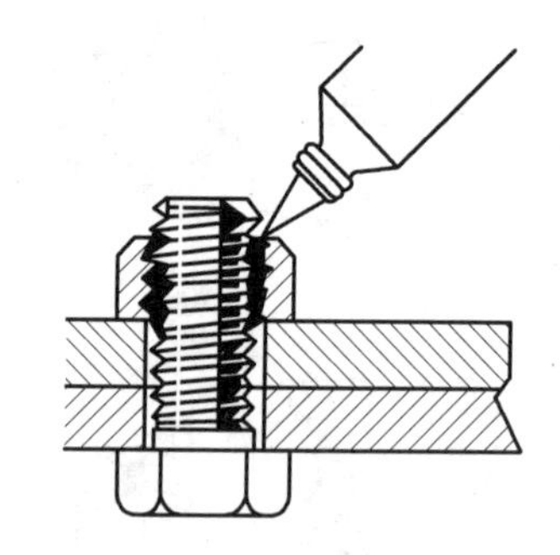

图 1-29　螺纹紧固密封剂防松

(7) 操作过程中严格执行“6S”操作管理规范。

① 安全类(Security)。安全操作，生命第一。严格遵守各项安全操作规程，消除隐患，减少事故机会，提高健康保证。

② 整理(Seiri)。要与不要，一留一弃。在工作现场，区分要与不要的东西，留下有用的东西，把不要的东西清理掉，从而改善和增加施工作业空间。保证现场整洁无杂物，行道通畅，提高工作效率；减少碰磕的机会，保障安全，提高质量；消除管理上的混放、混料

等差错事故，有利于减少库存量，节约资金，塑造整洁明亮的施工现场，如图 1-30 所示。

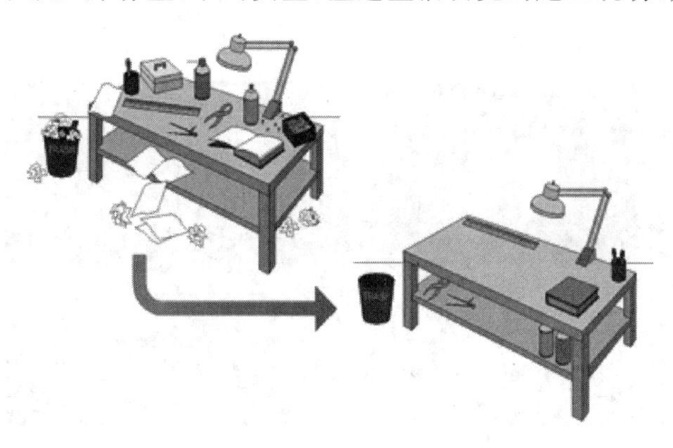

图 1-30 整理

③ 整顿(Seiton)。科学布局，取用快捷。把要用的物品，按规定位置摆放整齐，并做好标识进行管理，使工作场所一目了然，减少寻找物品的时间，营造整齐的工作环境，消除过多的积压物品，如图 1-31 所示。

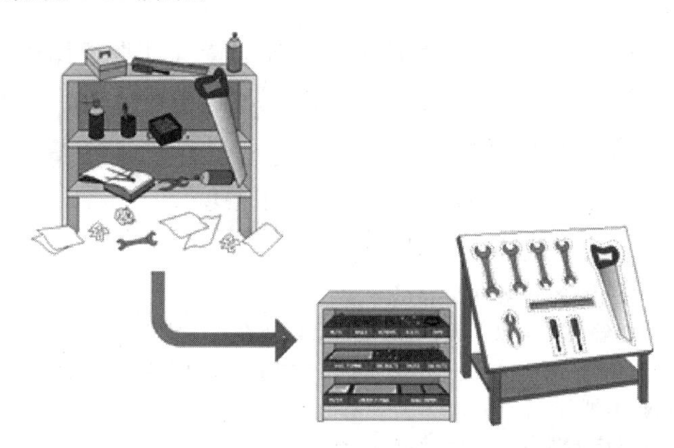

图 1-31 整顿

④ 清扫(Seiso)。清除垃圾，美化环境。将工作场所内看得见与看不见的地方清扫干净，保持工作场所干净、亮丽的环境。

⑤ 清洁(Seiketsu)。形成制度，贯彻到底。将整理、整顿、清扫进行到底，并且制度化和标准化，经常保持环境外在美观的状态，维持和巩固整理、整顿、清扫的成果。

⑥ 素养(Shitsuke)。养成习惯，以人为本。每位成员养成良好的习惯，并遵守规则做事，培养积极主动的精神(也称习惯性)。

1.2 螺纹连接拆装基本功训练

图 1-32 所示为螺纹连接拆装基本功训练器，该装置可以满足多方向、多位置、多种类、多工具拆装训练项目的需求。操作者可以使用前面提到的各种螺纹连接拆装工具完成多种螺纹连接件的拆装，目的是训练操作人员对工具的熟练使用程度，提高螺纹连接拆

装质量和效率。此处以用气动扳手完成六角头螺钉拆装训练项目为例,介绍一下螺纹连接拆装基本功训练方法。

图 1-32 螺纹连接拆装基本功训练装置

一、准备工作

1. 准备工用具

准备好拆装工用具:气动扳手、清洁布。仔细阅读气动扳手操作规程,如表 1-2 所示。使用前,应接入气源检查各接头处及扳手有无漏气,然后启动扳手,检查有无异响,空转是否正常,如有异常应及时修理。

表 1-2 气动扳手操作规程

① 永远在正确的气压下使用(正确值:686kPa(7kg/cm^2))
② 定期检查气动工具并用气动工具油润滑和防锈
③ 如果用气动工具从螺丝上完全取下螺母,则旋转力可使螺母飞出
④ 一般先用手将螺母对准螺钉。如果一开始就打开气动工具,则螺纹会被损坏。注意不要拧得过紧,使用较小的力拧紧即可
⑤ 等使用结束后用木塞堵上进气口,以免污物进入机内
⑥ 如果使用中发现冲击次数少,或有两次冲击等现象,应该立即停机检查
⑦ 最后,使用扭力扳手检查紧固扭矩

注意:操作时必须两只手握住工具,因为按启动开关后会释放较大转矩,可能引致振动;套头没完全套住螺钉头,严禁按动开关;使用过程中应轻拿轻放,严禁磕碰、跌落;使用完毕,清洁干净,放入盒内。

2. 整理工作场地

对装配场地进行整理,清洁装配用工件和工具,并归类放置好备用。

3. 准备劳保用品

操作人员需穿戴好 PPE(个人防护设备):工作服、安全眼镜、安全鞋。

二、拆装工作

(1) 根据所拆装螺钉头部规格选择型号相同的套筒安装到气动扳手上。

(2) 用手将螺钉旋入螺纹孔内 3～4 圈。

(3) 将气动扳手套头对准螺钉头部套入，确认套牢。

(4) 开启按钮，开始装配。(气动扳手冲击频率高，拆装一个螺钉只需几秒钟时间，冲击时间不能过长，避免损坏螺钉和扳手。)

(5) 搬动调整方向开关，即可改变气动扳手旋转方向，实现拆卸动作。

(6) 反复上述操作，直至非常熟练的程度。

三、调整

安装完毕后，应检查螺钉松紧程度是否合适，有无必要进行调整。

四、工作结束

清理工作场地，收工具。

1.3 拆装管道法兰

管道法兰连接的装配质量不但影响管道连接处的强度和严密度，而且影响整条管线的倾心度。因而，对其螺纹连接质量要求较高，如图 1-33 所示，为了提高法兰连接的密封性，采用扭力扳手对螺栓进行紧固。

图 1-33 管道法兰连接

一、准备工作

1. 准备工用具

准备好拆装工用具：可调式扭力扳手、开口扳手、清洁布。仔细阅读扭力扳手操作规程；使用前，检查扭力扳手是否完好无损，能否正常工作。

2. 整理工作场地

对装配场地进行整理，清洁装配用工件和工具，并归类放置好备用。

3. 准备劳保用品

操作人员需穿戴好 PPE(个人防护设备)：工作服、安全眼镜、安全鞋。

二、拆装工作

(1) 检查法兰密封面是否平整光洁；凸凹面法兰应能自然嵌合；连接用螺栓、螺母螺纹部分应完整、无损伤，并保证清洁无污物；密封垫片应清洁无变形。

(2) 根据实际需要，设定扭力扳手的扭力大小。

(3) 将螺栓依次穿入法兰螺栓孔内，并用手将螺母旋上，注意安装方向一致，即螺母应在同一侧。

(4) 两人配合操作,一人用开口扳手抵住螺栓头部,另一人用扭力扳手按对角方向分次逐步拧紧(只要听到“咔”一声响,即为扭紧,立即停止操作)。

(5) 改变棘轮扳手转向开关,按对角方向分次逐步拧松,即可完成拆卸操作(拆卸前,应用记号笔对法兰连接做好记号,方便再次装配时对准位置,保证装配质量)。

(6) 重复上述操作,直至非常熟练的程度。

三、工作结束

清理工作场地,收工具。

1.4 拆装蜗轮蜗杆减速器端盖

图 1-34 所示为 WPA 型蜗轮蜗杆减速器,减速器端盖采用了内六角螺钉连接。其拆装过程如下。

一、准备工作

1. 准备工用具

准备好拆装工用具:内六角扳手、记号笔、清洁布。使用前,检查内六角扳手是否完好无损,能否正常工作。

图 1-34 WPA 型蜗轮蜗杆减速器

2. 整理工作场地

对装配场地进行整理,清洁装配用工件和工具,并归类放置好备用。

3. 准备劳保用品

操作人员需穿戴好 PPE(个人防护设备):工作服、安全眼镜、安全鞋。

二、拆装工作

(1) 拆卸之前,用记号笔对各端盖圆周方向上的位置做好标记,便于装配。

(2) 根据蜗轮端盖内六角螺钉规格选择合适的内六角扳手,先用内六角扳手方头按对角方向卸松螺钉,然后换用内六角扳手圆头快速卸下各螺钉,即完成蜗轮端盖的拆卸。

(3) 同理,根据蜗杆端盖内六角螺钉规格选择合适的内六角扳手,先用内六角扳手方头按对角方向卸松螺钉,然后换用内六角扳手圆头快速卸下各螺钉,即完成蜗杆端盖的拆卸。

(4) 装配蜗杆端盖前,应检查各螺纹部分是否有缺损、污物,并进行必要的清洁,检查端盖安装面是否平整光洁;装配时,注意应按照之前做标记的位置放置端盖,依次将 4 个内六角螺钉手动旋入螺纹孔内,然后改用内六角扳手圆头快速预紧各螺钉,最后改用内六角扳手方头按对角方向分次逐步拧紧螺钉,即完成蜗杆端盖装配工作。

(5) 蜗轮端盖装配过程与蜗杆端盖相同。

(6) 重复上述操作,直至非常熟练的程度。

三、工作结束

清理工作场地,收工具。

思 考 题

1. 如何保证螺纹连接的装配精度?
2. 螺纹连接拆装过程中应如何按照“6S”操作管理规范进行操作?
3. 常用螺纹连接防松装置有哪些?
4. 螺纹连接件拧紧力矩如何确定?
5. 常用的螺纹连接拆装工具有哪些?如何选用?使用时,有何注意事项?

项目 2

滚动轴承的拆装与调整

能力目标

(1) 能识别各种滚动轴承类型和代号。

(2) 能正确选用滚动轴承拆装工具。

(3) 能控制滚动轴承装配质量。

(4) 能按照"6S"操作要求,完成滚动轴承拆装工作。

2.1 相关知识

滚动轴承是将运转的轴与轴座之间的滑动摩擦变为滚动摩擦,从而减少摩擦损失的一种精密的机械元件。滚动轴承一般由内圈、外圈、滚动体和保持架四部分组成,如图 2-1 所示。内圈的作用是与轴相配合并与轴一起旋转;外圈的作用是与轴承座相配合,起支撑作用;滚动体是借助于保持架均匀地将滚动体分布在内圈和外圈之间,其形状大小和数量直接影响着滚动轴承的使用性能和寿命;保持架能使滚动体均匀分布,防止滚动体脱落,引导滚动体旋转以起润滑作用。

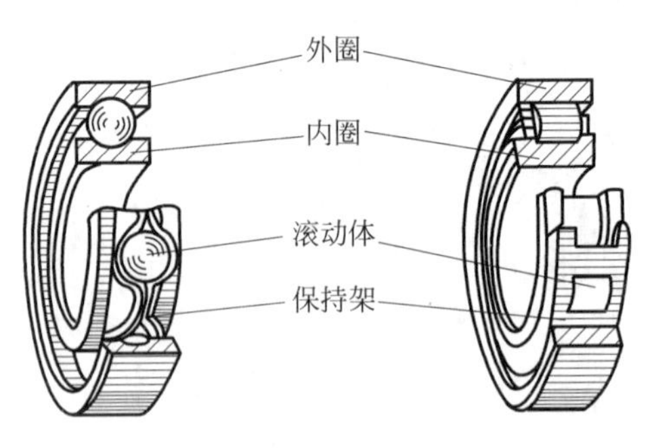

图 2-1 滚动轴承组成

一、常见滚动轴承类型

1. 深沟球轴承

深沟球轴承是滚动轴承中最为普通的一种类型。基本型的深沟球轴承由一个外圈、一个内圈、一组钢球和一组保持架构成，如图 2-2 所示。其结构简单，使用方便，是生产最普遍、应用最广泛的一类轴承。深沟球轴承类型有单列和双列两种。

工作特点：深沟球轴承主要承受径向载荷，也可同时承受径向载荷和轴向载荷。当其仅承受径向载荷时，接触角为零。当深沟球轴承具有较大的径向游隙时，具有角接触轴承的性能，可承受较大的轴向载荷，深沟球轴承的摩擦系数很小，极限转速也很高。

2. 圆锥滚子轴承

圆锥滚子轴承可以分离，由内圈与滚子、保持架一起组成的组件和外圈可以分别安装，如图 2-3 所示。圆锥滚子轴承类型有单列、双列和四列。

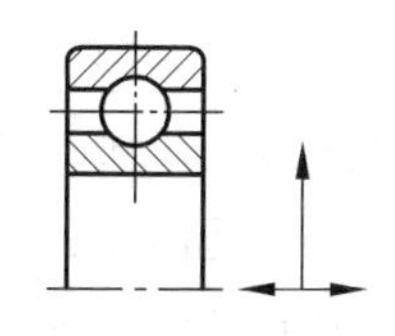

图 2-2　深沟球轴承

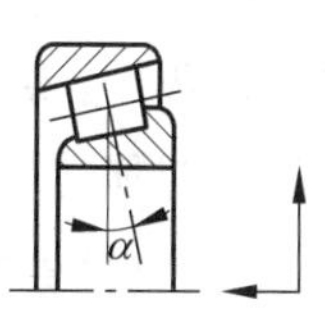

图 2-3　圆锥滚子轴承

工作特点：圆锥滚子轴承可以承受大的径向载荷和轴向载荷，适用于转速不太高、轴的刚性较好的场合。由于圆锥滚子轴承只能传递单向轴向载荷，因此，为传递相反方向的轴向载荷就需要另一个与之对称安装的圆锥滚子轴承。

3. 圆柱滚子轴承

圆柱滚子与滚道为线接触轴承。该轴承是内圈、外圈可分离的结构，如图 2-4 所示。内圈或外圈无挡边的圆柱滚子轴承，其内圈和外圈可以向轴向做相对移动，所以可以作为自由端轴承使用。在内圈和外圈的某一侧有双挡边，另一侧的套圈有单个挡边的圆柱滚子轴承，可以承受一定程度的一个方向的轴向负荷。圆柱滚子轴承根据装用滚动体的列数不同，可以分为单列、双列和多列圆柱滚子轴承等。

工作特点：圆柱滚子轴承径向承载能力大，适用于承受重负荷与冲击负荷。摩擦系数小，适合高速的场合，极限转速接近深沟球轴承。对轴或座孔的加工要求较高，轴承安装后外圈轴线相对偏斜要严加控制，以免造成接触应力集中。

4. 角接触球轴承

角接触球轴承是非分离型的设计，内外圈的两侧的肩部高低不一，如图 2-5 所示。为了提高轴承的负载能力，会把其中一侧的肩部加工得较低，从而让轴承可装进更多的钢球。接触角越大，轴向承载能力越高。常用的有 15°、25°和 40°三种，高精度和高速轴承通常取 15°接触角。除此之外，角接触球轴承还有单列和双列之分。

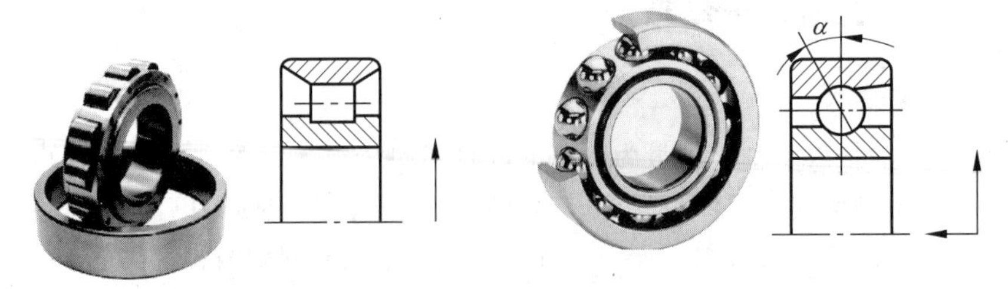

图 2-4　圆柱滚子轴承　　　　图 2-5　角接触球轴承

工作特点：角接触球轴承极限转速较高，可以同时承受径向载荷和轴向载荷，也可以承受纯轴向载荷，其轴向载荷能力由接触角决定，并随接触角的增大而增大。单列角接触球轴承只能承受单方向轴向负荷，因此一般都常采用成对安装。

5. 滚针轴承

滚针轴承是带圆柱滚子的滚子轴承，相对其直径，滚子既细又长，如图 2-6 所示。这种滚子称为滚针。

工作特点：滚针轴承装有细而长的滚子，因此径向结构紧凑，其内径尺寸和载荷能力与其他类型轴承相同时，外径最小，特别适用于径向安装尺寸受限制的支承结果。根据使用场合不同，可选用无内圈的轴承或滚针和保持架组件，此时与轴承相配的轴颈表面和外壳孔表面直接作为轴承的内、外滚动表面，为保证载荷能力和运转性能与有套圈轴承相同，轴或外壳孔滚道表面的硬度、加工精度和表面质量应与轴承套圈的滚道相仿。此种轴承径向承受载荷能力很大，不能承受轴向负荷，常用于转速较低而径向尺寸受限制的场合。

6. 推力球轴承

推力球轴承采用高速运转时可承受推力载荷的设计，由带有球形滚道沟的垫圈状套圈构成，如图 2-7 所示，推力球轴承由座圈、轴圈和钢球保持架组件三部分构成。两个圈的内孔不一样大，内径较小的是紧圈，与轴配合，称轴圈；内孔较大的是松圈，与机座固定在一起，称座圈。

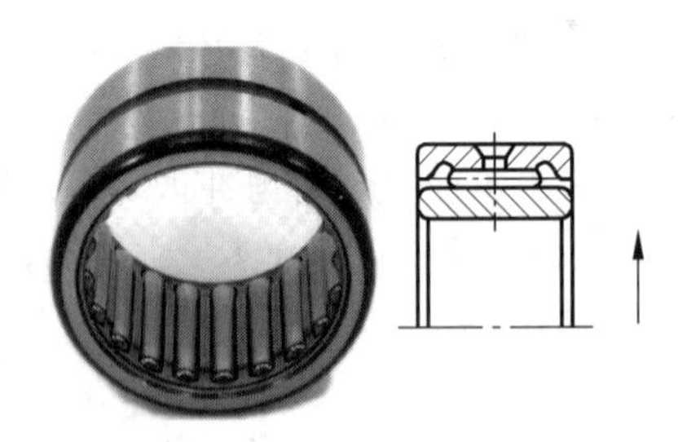

图 2-6　滚针轴承

图 2-7　推力球轴承

工作特点：推力球轴承只能承受轴向载荷，不能承受径向载荷。可根据轴向载荷方向选择单向推力球轴承或双向球轴承。为了容许有安装误差，无论是单向还是双向，都可以选择调心球面座垫型或带球面座圈型。推力球轴承极限转速较低,适用于轴向力大而转速较低的场合。

7. 调心球轴承

调心球轴承是两条滚道的内圈和滚道为球面的外圈之间,装配有鼓形滚子的轴承。外圈滚道面的曲率中心与轴承中心一致,所以具有与自动调心球轴承同样的调心功能,如图 2-8 所示。在轴、外壳出现挠曲时,可以自动调整,不增加轴承负担,可以补偿同心度和轴挠度造成调心球轴承形成的误差,但其内、外圈相对倾斜度不得超过 3°。调心球轴承有圆柱孔和圆锥孔两种结构,保持架的材质有钢板、合成树脂等。

工作特点:调心滚子轴承可以承受径向负荷及两个方向的轴向负荷。径向负荷能力大,适用于有重负荷、冲击负荷的情况。内圈内径是锥孔的轴承,可直接安装。或使用紧定套、拆卸筒安装在圆柱轴上。

8. 外球面轴承

外球面轴承实际上是深沟球轴承的一种变形,它的特点是外圈外径表面为球面,可以配入轴承座相应的凹球面内起到调心的作用,如图 2-9 所示。轴承座一般是采用铸造成型的,常用座有立式座(P)、方形座(F)、凸台方形座(FS)、凸台圆形座(FC)、菱形座(FL)、环形座(C)、滑块座(T)等。

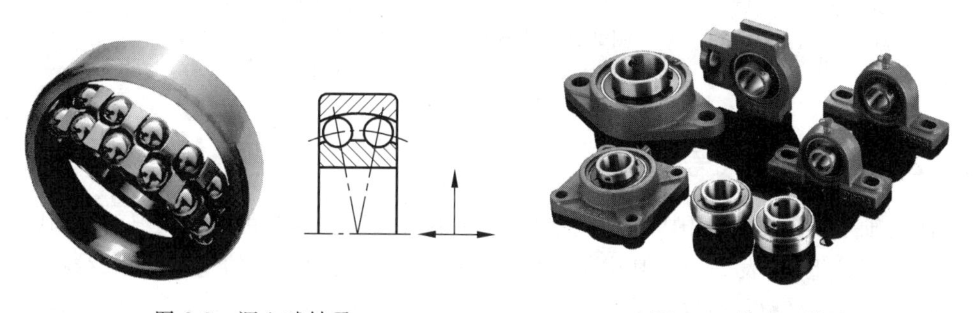

图 2-8 调心球轴承

图 2-9 外球面轴承

工作特点:虽然它的基本性能与深沟球轴承应是相似的,但是由于这种轴承大都应用在比较粗糙的机械中,安装定位不够精确,轴与座孔的轴线对中性差,或是应用在轴长而挠度大等的情况下,而且轴承本身精度也不够高,因此性能的实际表现比相同规格的深沟球轴承要打上相当的折扣。它主要用来承受以径向负荷为主的径向与轴向联合负荷,一般不宜单独承受轴向负荷。该种轴承轴向游隙的大小,对轴承能否正常工作关系很大,当轴向游隙过小时,温升较高;轴向游隙较大时,轴承容易损坏。故在安装和运转时要特别注意调整轴承的轴向游隙,必要时可以预过盈安装,以增加轴承的刚性。外球面轴承装配时,应先固定底座,然后再将其锁紧在轴上,避免轴承承受不必要的应力。其轴上锁紧方式有 3 种:紧定螺钉锁紧、偏心套锁紧和紧定套锁紧,如图 2-10 所示。

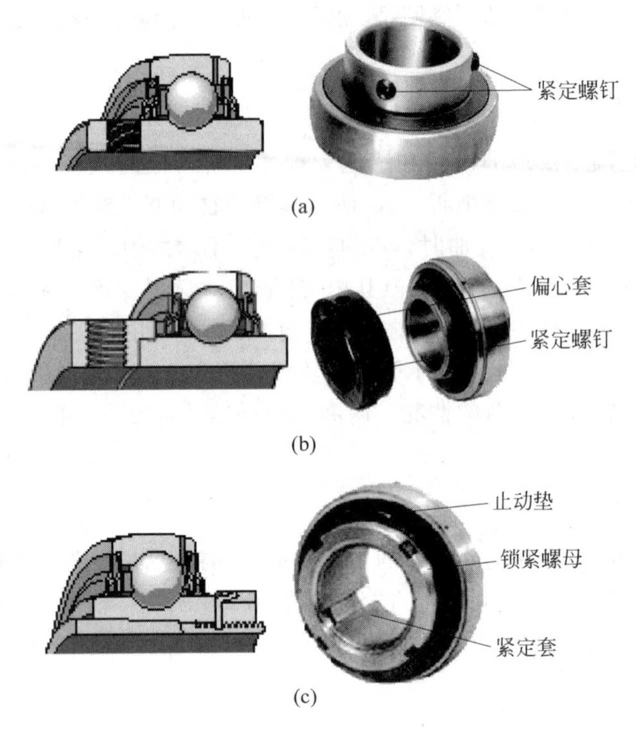

图 2-10 外球面轴承锁紧方式

(a) 紧定螺钉锁紧；(b) 偏心套锁紧；(c) 紧定套锁紧

二、滚动轴承代号

滚动轴承的代号采用国际通用字母＋数字混合编制。通常由基本代号、前置代号、后置代号三部分组成(表 2-1)。其中基本代号和内径代号表示轴承的基本类型、结构特点和尺寸(表 2-2 和表 2-3)，前置代号表示成套轴承的零部件特征(表 2-4)，后置代号表示成套轴承的内部结构、形状、保持架、材料、公差、游隙和配置(表 2-5～表 2-9)。

表 2-1 轴承代号

前置代号	基本代号			后置代号							
				1	2	3	4	5	6	7	8
成套轴承分部件	类型代号	尺寸系列代号	内径代号	内部结构	密封与防尘套圈变形	保持架及其材料	轴承材料	公差等级	游隙	配置	其他
6204-2RZP53	6	02	04		2RZ			P5	C3		

表 2-2 轴承基本代号

类型代号	尺寸系列代号	内径代号	基本代号	轴承类型
(0)	32	05	3205	双列角接触球轴承
(0)	33	05	3305	
1	(0)2	05	1205	调心球轴承
(1)	22	05	2205	
1	(0)3	05	1305	
(1)	23	05	2305	
2	13	10	21310	调心滚子轴承
2	22、23	10	22210	
2	30、31、32	10	23010	
2	40、41	10	24010	
3	02、03	10	30210/30310	单列圆锥滚子轴承
3	13	10	31310	
3	20、22、23、29	10	32010	
3	30、31、32	10	33010	
35	10、11、13、19	15	351015	双列圆锥滚子轴承
35	20、21、23、29	15	352015	
4	(0)2	10	4210	双列深沟球轴承
4	(0)3	10	4310	
5	11、12、22、23	10	51110	推力球轴承
16	(1)0	05	16005	深沟球轴承
6	(0)、2、3、4	05	6005、6405	
6	17、18、19	05	61705、61805	
7	19、(0)、1	05	71905、7005	角接触球轴承
7	(0)、2、3、4	05	7205、7405	
8	11、12、93、94、22、23	10	81110、89310	推力圆柱滚子轴承
9	—	10	90010	推力圆锥滚子轴承
N	(0)2、(0)3、4	08	N208	外圈无挡边圆柱滚子轴承
	10、22、23	08	N1008	
NU	(0)2、3、4	08	NU308	内圈无挡边圆柱滚子轴承
	22、23、10	08	NU2208	
NJ	(0)2、3、4	09	NJ209	内圈单挡边圆柱滚子轴承
	22、23	09	NJ2209	
NUP	(0)2、3	10	NUP210	内圈单挡边并带平挡圈圆柱滚子轴承
	22、23	10	NUP2210	
NF	(0)2、3	10	NF210	外圈单挡边圆柱滚子轴承
	23	10	NF2310	
NN	30	10	NN3010	双列圆柱滚子轴承
NNU	49	20	NNV4920	
QJ	(0)2、(0)3	10	QJ210	四点接触球轴承

表 2-3 轴承内径代号

轴承公称内径/mm		内径代号	示例
0.6~10(非整数)		用公称内径毫米数直接表示,但在其与尺寸系列之间用"/"分开	深沟球轴承 618/2.5 d=2.5mm
1~9(整数)		用公称内径毫米数直接表示,对深沟球轴承及角接触球轴承 7、8、9 直径系列,内径与尺寸系列代号之间用"/"分开	深沟球轴承 625、618/5 d=5mm
10~17	10	00	深沟球轴承 6200 d=10mm
	12	01	
	15	02	
	17	03	
20~480(22、28、32 除外)		公称内径除以 5 的商数,商数为个位,需在商数左边加"0",如 08	调心滚子轴承 23208 d=40mm
≥500 及 22、28、32		用公称内径毫米数直接表示,但在与尺寸系列之间用"/"分开	调心滚子轴承 230/500 d=500mm

表 2-4 轴承前置代号说明

前置代号	内容说明	示例
L	分离型轴承的单一内圈或外圈	LNU207
R	不带可分离外圈或内圈的轴承	RNU207
	无内圈滚针轴承	RNA6904
K	滚动轴承、滚子和保持架组件	K81107
WS	推力圆柱滚子轴承轴圈	WS81107
GS	推力圆柱滚子轴承轴圈	GS81107
F	凸缘外圆的向心球轴承	F618/4
KOW-	无轴圈推力轴承	KOW-51108
KIW-	无座滚针轴承圈推力轴承	KIW-51108

表 2-5 内部结构代号

后置代号	内容说明	示例
AC	公称接触角 $\alpha=25°$的角接触球轴承	7210 AC
B	公称接触角 $\alpha=40°$的角接触球轴承	7210 B
	接触角加大的圆锥滚子轴承	32310 B
C	公称接触角 $\alpha=15°$的角接触球轴承	7210 C
	C 型调心滚子轴承	23122 C
E	加强型内圈无挡边圆柱滚子轴承	NU207 E
D	部分轴承	K50×55×20 D
ZW	双列滚针、保持架组成	K20×25×40 ZW

表 2-6 密封、防尘与外部形状变化

后置代号	内容说明	示例
K	圆锥孔调心球轴承	1210 K
	圆锥孔调心滚子轴承	23220 K
K30	圆锥孔(1∶30)调心滚子轴承	24122 K30
R	凸缘外圈圆锥滚子轴承	30307 R
N	外圈上有止动槽的深沟球轴承	6210 N
NR	外圈上有止动槽并带有止动环的深沟球轴承	6210 NR
—RS	一面带密封圈(接触式)的深沟球轴承	6210—RS
—2RS	两面带密封圈(接触式)的深沟球轴承	6210—2RS
—RZ	一面带密封圈(非接触式)的深沟球轴承	6210—RZ
—2RZ	两面带密封圈(非接触式)的深沟球轴承	6210—2RZ
—Z	一面带防尘盖的深沟球轴承	6210—Z
—2Z	两面带防尘盖的深沟球轴承	6210—2Z
—RSZ	一面带密封圈(接触式),另一面带防尘盖的深沟球轴承	6210—RSZ
—RZZ	一面带密封圈(非接触式),另一面带防尘盖的深沟球轴承	6210—RZZ
—ZN	一面带防尘盖,另一面外圈有止动槽的深沟球轴承	6210—ZN
—2ZN	两面带防尘盖,外圈有止动槽的深沟球轴承	6210—2ZN
—ZNR	一面带防尘盖,另一面外圈有止动槽,并带止动环的深沟球轴承	6210—ZNR
—ZNB	防尘盖和止动槽在同一面上的深沟球轴承	6210—ZNB
U	带球面座圈的推力球轴承	53210U

表 2-7 公差等级代号

后置代号	内容说明	示例
/P0	公差等级为 0 级的深沟球轴承	6203
/P6	公差等级为 6 级的深沟球轴承	6203/P6
/P6x	公差等级为 6x 级的圆锥滚子轴承	30210/P6x
/P5	公差等级为 5 级的深沟球轴承	6203/P5
/P4	公差等级为 4 级的深沟球轴承	6203/P4
/P2	公差等级为 2 级的深沟球轴承	6203/P2

表 2-8 游隙代号

后置代号	内容说明	示例
/C1	径向游隙为 1 组的双列圆柱滚子轴承	NN3006/C1M
/C2	径向游隙为 2 组的深沟球轴承	6210/C2
—	径向游隙为 0 组的深沟球轴承	6210
/C3	径向游隙为 3 组的深沟球轴承	6210/C3
/C4	径向游隙为 4 组的圆锥双列圆柱滚子轴承	NN3006K/C4
/C5	径向游隙为 5 组的圆锥孔内圈无挡边的双列滚子轴承	NNU4920K/C5

表 2-9　振动代号

后置代号	内容说明	示　例
/Z	轴承的振动加速度级极值组别。附加数值表示极值不同	
Z1	振动加速度级极值符合标准规定的 Z1 组	6204/Z1
Z2	振动加速度级极值符合标准规定的 Z2 组	6204/Z2
Z3	振动加速度级极值符合标准规定的 Z3 组	6205-2RS/Z3
Z4	振动加速度级极值符合标准规定的 Z4 组	6201-2RZ/Z4
/V	轴承的振动速度级极值组别。附加数值表示极值不同	
V1	振动速度级极值符合标准规定的 V1 组	6310/V1
V2	振动速度级极值符合标准规定的 V2 组	6310/V2
V3	振动速度级极值符合标准规定的 V3 组	6202/V3
V4	振动速度级极值符合标准规定的 V4 组	6202/V4

三、常用滚动轴承拆装工具选择与使用

1. 冲击套筒与手锤

当装配小型滚动轴承或过盈量较小的配合时，可采用冲击套筒与手锤(图 2-11)完成装配操作。使用时应根据被装配的滚动轴承尺寸选择与之配用的冲击套筒，应遵循的原则是：①不得直接敲击滚动轴承内外圈、保持架和滚动体，避免破坏滚动轴承的精度，降低使用寿命；②装配的压力应施加在待配合的轴承的端面上，绝不允许通过滚动体传递压力，如图 2-12 所示。

图 2-11　冲击套筒与手锤

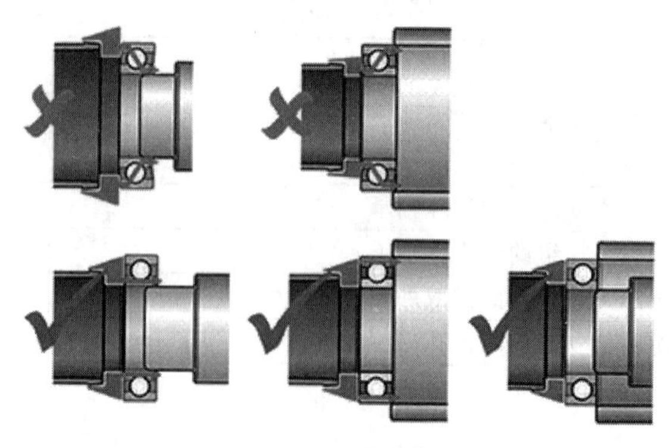

图 2-12　装配压力

冲击套筒除了用来装配轴承外，还可以用来拆卸孔内无孔肩的轴承，如图 2-13 所示。

2. 钩形扳手

钩形扳手可以用来紧固或松开轴径上的锁紧螺母，适用于小型轴承的拆装。使用时，需根据螺母规格选用合适的扳手，如图 2-14 所示。

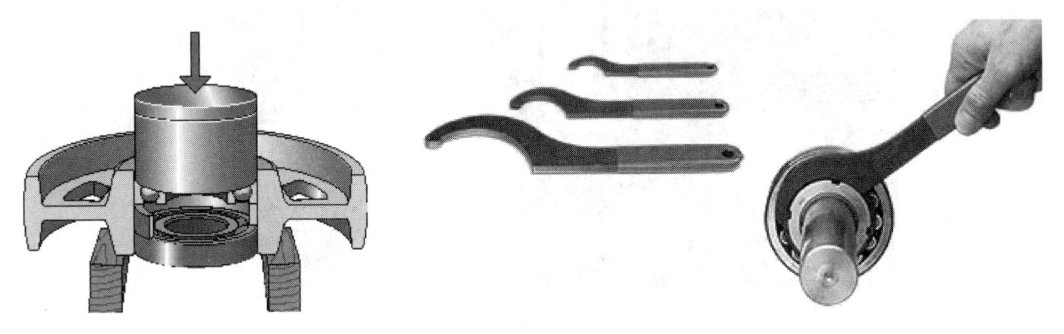

图 2-13 孔内轴承拆卸　　　　图 2-14 钩形扳手

3. 锁紧螺母扳手

锁紧螺母扳手适用于在锥形轴上安装自调心球轴承以及小型球面滚子轴承的场合，可降低锁紧螺母安装过紧的风险，锁紧螺母过紧可导致轴承径向间隙消失和轴承损坏。7 种不同尺寸的扳手可安装尺寸 5～11mm 的 KM 系列锁紧螺母，每个扳手都清晰地标记了正确的拧紧角度和量角器，螺母预紧前，先将扳手上橙色标记的起点与轴上标记对应，然后用操纵杆旋紧螺母直至扳手上橙色标记终点与轴上标记对应，如图 2-15 所示，即完成螺母锁紧。

4. 冲击扳手与手锤

对于中等轴承的装配，可以用锁紧螺母和冲击扳手进行装配，以保证有较大的装配力，如图 2-16 所示。

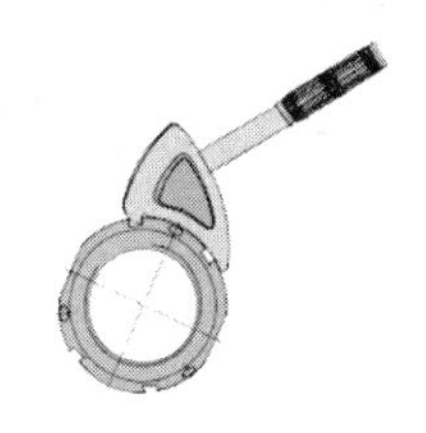

图 2-15 锁紧螺母扳手　　　　图 2-16 冲击扳手

5. 液压螺母与液压泵

在锥形轴或轴套上安装或拆卸轴承，通常是既困难又耗时的工程。使用液压螺母(图 2-17)与液压泵(图 2-18)，可以提高工作效率，减少此类问题，适用于孔径 50～1000mm 的大尺寸范围。其工作原理是液压油被高压油泵输入螺母油腔中产生推动活塞的力，如图 2-19 所示，达到安装或拆卸轴承的目的。

液压螺母有一个快速接头，以便于与液压泵连接。使用时，先用手将液压螺母旋于轴上，注意活塞朝向；连接油管，通过液压泵将油压进液压螺母，直至轴承到达规定的装配位置；打开回油阀，使油流回油泵，活塞回到起始位置，随后卸下液压螺母。

液压螺母的具体应用如图 2-20 所示。

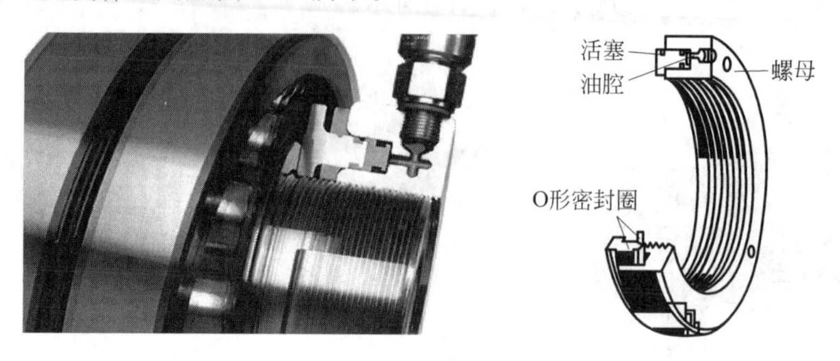

图 2-17　液压螺母

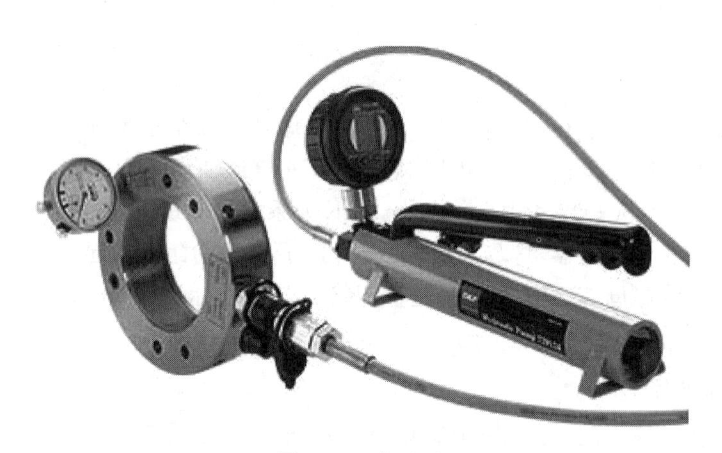

图 2-18　液压泵

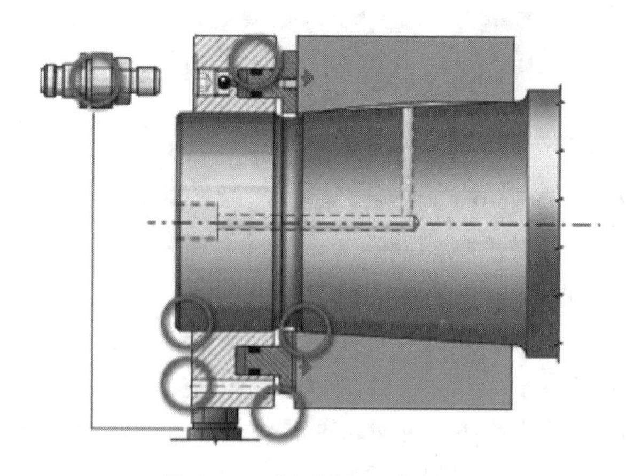

图 2-19　液压螺母工作原理

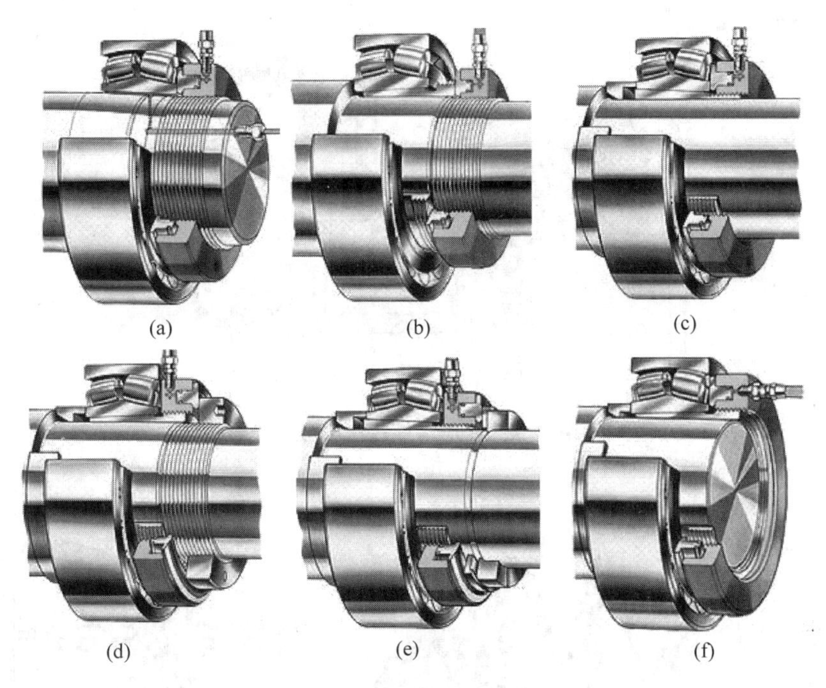

图 2-20　液压螺母法的应用

(a) 液压螺母与压油法组合使用将轴承推进到锥形轴的安装位置上；
(b) 液压螺母被旋到轴上，用于推动退卸套；(c) 液压螺母将轴承推进到紧定套上；
(d) 液压螺母和止动螺母配合使用，推动退卸套；(e) 液压螺母和止动环松开紧定套；
(f) 液压螺母松开退卸套

6. 注油器

注油法是利用注油器(图 2-21)将油压入滚动轴承和轴颈之间，直至两个零件配合面完全分开，从而使摩擦力减小至零，于是只需很小的力就可以拆装滚动轴承了。此法装配简单，适用于大中型轴承的场合。注油法经常与液压螺母法组合使用，如图 2-22 所示。

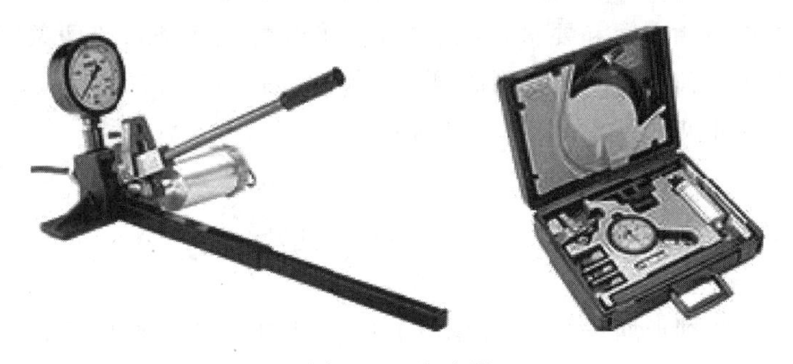

图 2-21　注油器

7. 拉拔器

(1) 标准拉拔器

中、小型滚动轴承从轴上拆卸时，可采用标准拉拔器(图 2-23)，将拉拔器的爪作用于

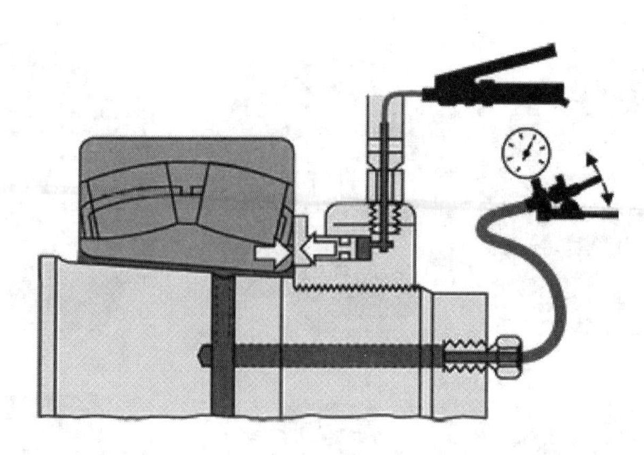

图 2-22　液压螺母与注油组合法

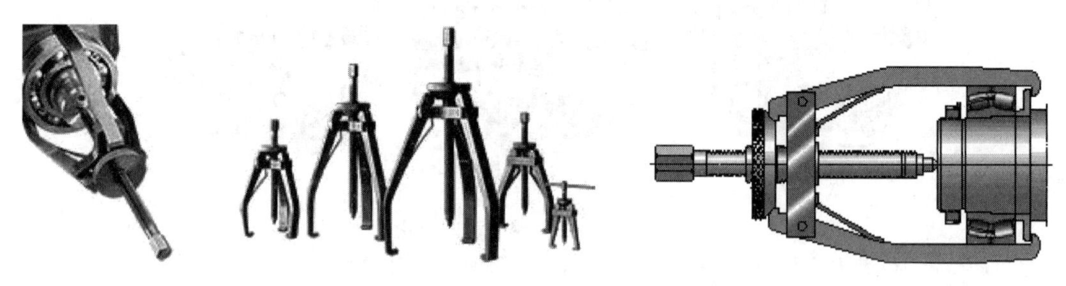

图 2-23　标准拉拔器　　　　图 2-24　用拉拔器拆卸轴承

滚动轴承内圈(图 2-24),用均匀的力拉出内圈,直到完全脱离轴颈。拉拔器在拆卸时应准确对中,否则很容易会损坏轴颈。当没有足够的空间使拉拔器的爪作用于滚动轴承内圈时,则可以将拉拔器的爪作用于外圈上,但为了避免破坏轴承,在拆卸时必须转动外圈,从而保证拆卸力不会作用于同一点上。

(2) 液压助力拉拔器套件

液压助力拉拔器套件为爪式拉拔器和强力背拉拉拔器的组合(图 2-25),最大拉拔力可达 100kN。根据应用空间和要求,爪式拉拔器可装配成三条臂或两条臂的拉拔器,强力背拉拉拔器作用于轴承内圈的后侧面,降低了拆卸轴承时所需的力,其延长杆使拉拔长度最长达 255mm,可快速满足所需的拉拔深度。

8. 加热器

采用温差法拆装轴承时,常用的加热器有以下几种。

(1) 感应加热器

感应加热器又叫轴承加热器、轴承感应加热器,其工作原理是利用交变的电流产生交变的磁场,这个交变的磁场使其中的金属导体内部产生涡流,从而使金属工件迅速发热。在感应加热的过程中,温度升高的只是被加热工件的金属部分,感应加热器本身和被加热工件的非金属部分并不发热。如图 2-26 所示,感应线圈位于加热器外侧立柱 A 处,使加热时间更短,能耗更低;B 处可折叠的支脚便于加热较大直径的轴承;C 处的磁性温度探头实时监测加热温度,防止轴承过热;D 处的控制键和 LED 显示集成在可移动的控制面

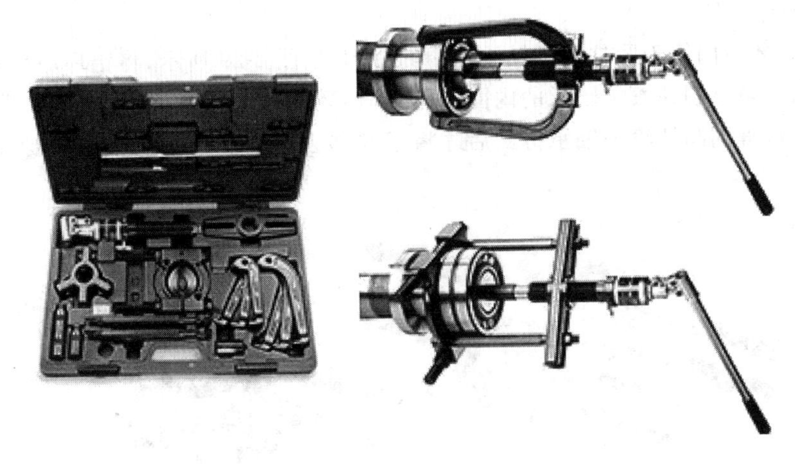

图 2-25 液压助力拉拔器套件

板上，易于使用；E 处 3 个磁轭全部存放在加热器底座内的存储空间里，降低磁轭损坏或丢失的风险；F 为与加热器底座一体的手柄，便于搬运。此感应加热器温度模式预设加热目标温度为 110°C，可防止轴承过热，并具有自动退磁功能，可加热重达 40kg 的轴承。

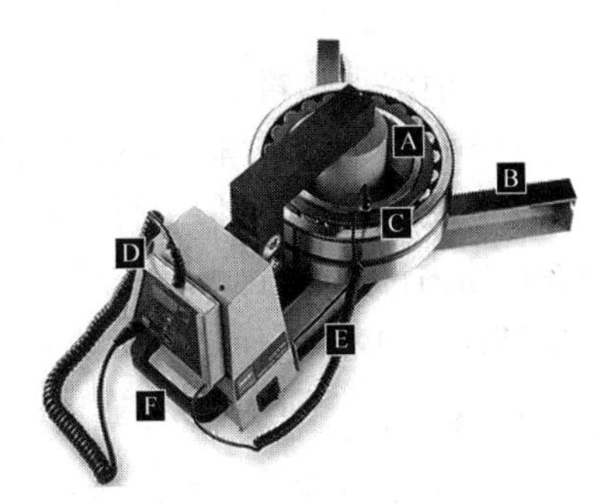

图 2-26 感应加热器

(2) 电加热盘

电加热盘主要用来加热小滚动轴承，如图 2-27 所示，其配置一个用于电加热的铝板，可以同时加热几个滚动轴承。加热板通常配有一个温度调节装置，所以温度可以得到很好的控制。

(3) 可调式感应加热器

可调式感应加热器用于圆柱滚子轴承内圈的频繁拆卸，如图 2-28 所示，将感应加热器套在圆柱滚子轴承内圈上并通电，感应加热器会自动抱紧圆柱滚子轴承内圈，且感应加热，握紧两边手柄，直至将圆柱滚子轴承拆卸下来。

图 2-27 电加热盘

图 2-28 可调式感应加热器

(4) 加热铝环

加热铝环专门用于圆柱滚子轴承内圈的拆卸，如图 2-29 所示，将铝环加热至 225℃左右，并将铝环包住圆柱滚子轴承的内圈，再夹紧铝环的两个手柄，使其紧紧夹着圆柱滚子轴承的内圈，直到圆柱滚子轴承拆卸后才将铝环移去。铝环规格应根据所要拆卸的轴承进行选择。

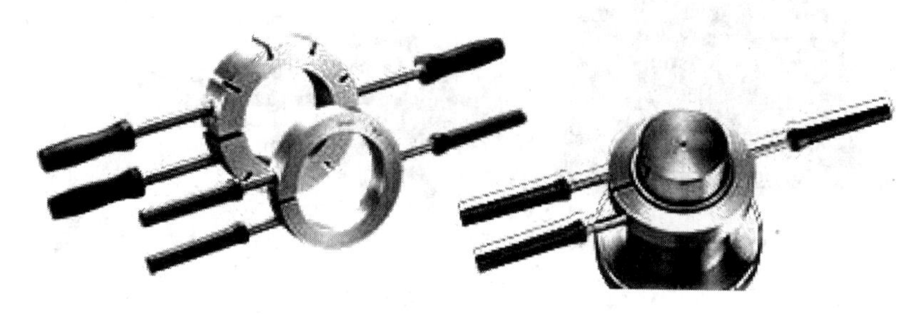

图 2-29 加热铝环

(5) 油浴加热箱

如图 2-30 所示，当采用油浴方法对滚动轴承加热时，将一个装满油的油箱放在加热元件上。为避免滚动轴承接触到比油温高得多的箱底，形成局部过热，加热时滚动轴承应搁在油箱内网格上(图 2-30(a))。对于小型滚动轴承，可以挂在油中加热(图 2-30(b))。在加热过程中，必须仔细观察油温。

9. 塞尺

滚动轴承游隙大小可以通过塞尺进行测量，以便控制在合理的范围内，保证旋转精度，如图 2-31 所示。确认滚动轴承最大负荷部位，在与其成 180°的滚动体与外(内)圈之间塞入塞尺，松紧相宜的塞尺厚度即为轴承径向游隙。这种方法广泛应用于中、大型调心轴承和圆柱滚子轴承。

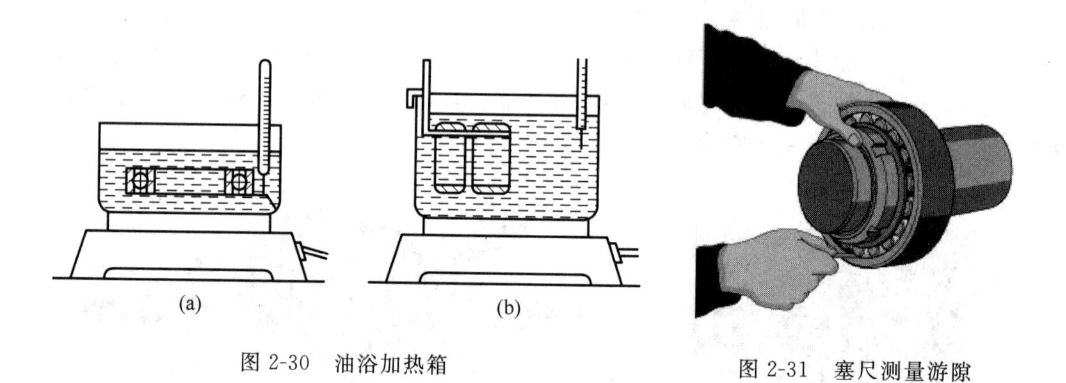

图 2-30 油浴加热箱

图 2-31 塞尺测量游隙

综上所述，在实际工作中滚动轴承装拆工具应根据轴承的安装形式进行选用，如表 2-10 所示。

表 2-10　滚动轴承装拆方法与工具

轴承的安装形式		安装工具				拆卸工具			
		机械式	液压式	注油式	加热器	机械式	液压式	注油式	加热器
圆柱形内孔	小轴承								
	中轴承								
	大轴承								
	圆柱滚子轴承 NU, NJ, NUP型的各种规格								
圆锥形内孔	小轴承								
	中轴承								
	大轴承								
紧定套	小轴承								
	中轴承								
	大轴承								
退卸套	小轴承								
	中轴承								
	大轴承								

小轴承：内径＜80mm　中轴承：内径为80～200mm　大轴承：内径＞200mm

*只适用于自调心球轴承

图解

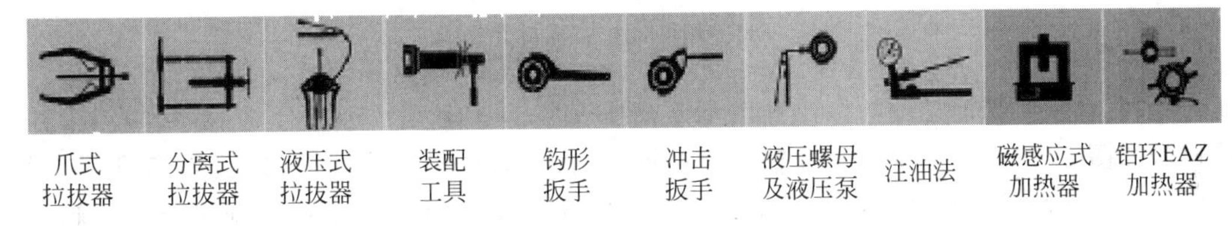

爪式拉拔器　分离式拉拔器　液压式拉拔器　装配工具　钩形扳手　冲击扳手　液压螺母及液压泵　注油法　磁感应式加热器　铝环EAZ加热器

2.2 深沟球轴承装拆训练

图 2-32 所示为深沟球轴承装拆训练装置，该阶梯轴各轴径可装配不同尺寸的深沟球轴承，试用该装置完成深沟球轴承的拆装训练。

一、准备工作

图 2-32 深沟球轴承拆装训练装置

1. 准备工用具

准备好拆装工用具：液压拉拔器、冲击套筒、手锤、塞尺、润滑油、外径千分尺、游标卡尺、清洁布。

2. 整理工作场地

对装配场地进行整理，清洁装配用工件和工具，并归类放置好备用。

3. 准备劳保用品

操作人员需穿戴好 PPE(个人防护设备)：工作服、安全眼镜、安全鞋。

二、装配工作

(1) 拆卸中间轴颈处的深沟球轴承：将液压拉拔器安装好，注意使拉拔器的爪钩住轴承内圈，并保证拉拔器顶杆与轴同心，锁紧回压阀，来回拉动手柄直至将轴承卸下，如图 2-33 所示。拆下轴承后，打开拉拔器回压阀泄压，取下轴承。

图 2-33 用液压拉拔器拆卸轴承

(2) 安装上端轴径处的深沟球轴承：根据安装轴承的型号选择合适的冲击套筒，并组装，如图 2-34 所示。将待装配轴承放在轴上，将套筒抵住轴承端面，如图 2-35 所示，用手锤敲击套筒，直至轴承安装到位，与轴肩贴合(注意：安装前应对配合面进行尺寸和形位公差的检查)。

图 2-34 选择并组装套筒

图 2-35 安装轴承

三、调整

安装完毕后,应检查轴承旋转灵活性,检验轴承游隙是否合格。

四、工作结束

清理工作场地,收工具。

2.3 带座轴承装配训练

完成如图 2-36 所示的带座锥孔调心滚子轴承的装配。

一、准备工作

1. 准备工用具

准备好拆装工用具:塞尺、钩形扳手、手锤、润滑油、外径千分尺、游标卡尺、清洁布。

2. 整理工作场地

对装配场地进行整理,清洁装配用工件和工具,并归类放置好备用。

3. 准备劳保用品

操作人员需穿戴好 PPE(个人防护设备):工作服、安全眼镜、安全鞋。

二、装配工作

(1) 安装内侧密封圈。将内侧密封圈装入轴上(密封环可轻松推动到指定位置),如图 2-37 所示。(注意:安装之前,应对轴径表面进行清洁和检查。)

(2) 安装紧定套。将紧定套安装到轴上合适的位置(注意有螺纹端朝外),如图 2-38 所示。

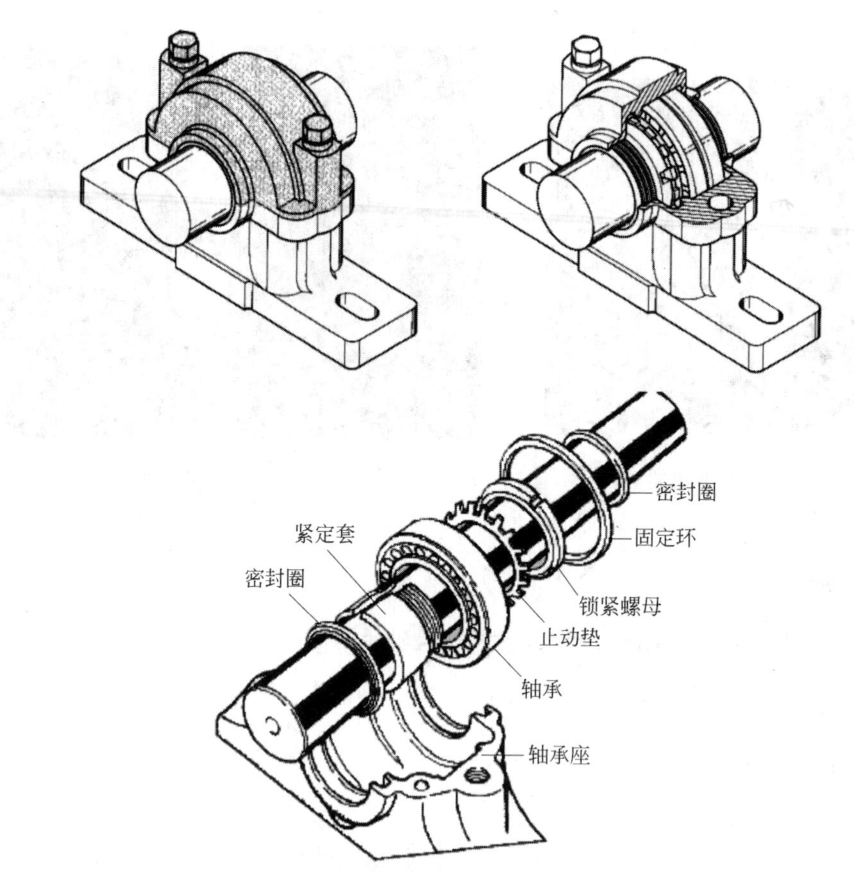

图 2-36　轴承座为剖分式的调心滚子轴承

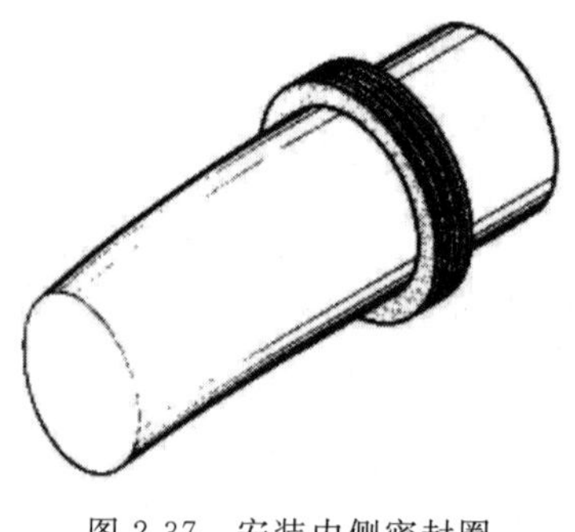

图 2-37　安装内侧密封圈

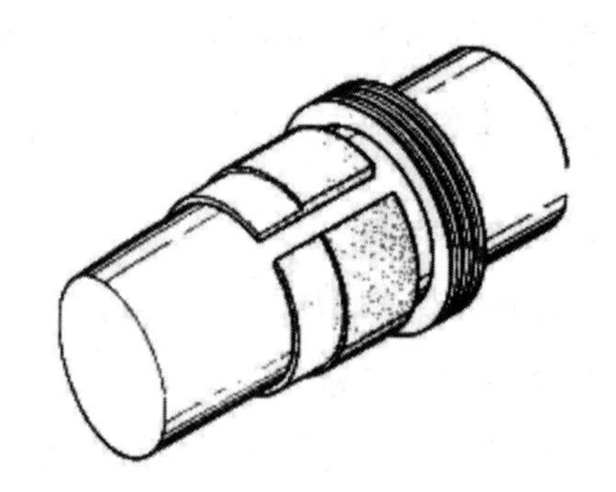

图 2-38　安装紧定套

(3) 测量径向游隙。用塞尺插在最上部滚子旁边的滚子上面检查调心球轴承的原始游隙,如图 2-39 所示。检查时,一边旋转调心滚子轴承,一边用较厚的塞尺在相同的位置进行检查,直至在拉出塞尺时感觉到轻微的阻力为止,此时的塞尺厚度即为调心滚子轴承的原始间隙。

(4) 安装轴承。将调心滚子轴承安装到紧定套上(注意安装方向,内圈锥孔应与紧定套锥面配合,锥孔大端先进入),调整紧定套至合适位置,用手将轴承锁紧到紧定套上,如图 2-40 所示。

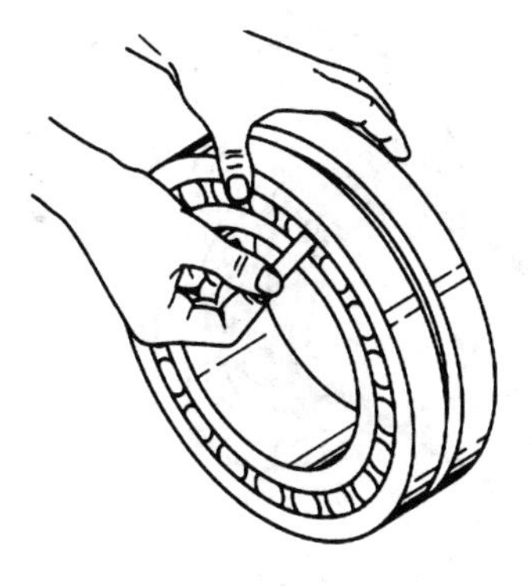

图 2-39 原始间隙测量

图 2-40 安装轴承

(5) 确定轴承轴向位置。将锁紧螺母旋到紧定套螺纹上(注意螺母倒角的一端朝向轴承,并在锁紧螺母与轴承接触一侧涂上薄薄的一层油),用钩形扳手和手锤不断地旋紧锁紧螺母(不允许用锤子和冲头紧固螺母,避免破坏螺母或导致碎屑崩入轴承内部),轴承逐渐向紧定套大端移动,直至轴承游隙达到规定的减小量,具体数值如表 2-11 所示(测量时,应将塞尺插在最下部滚子旁边的滚子下面检查调心球轴承的游隙),结果如图 2-41 所示。

表 2-11 调心滚子轴承游隙减小量 单位:in

轴径尺寸	游隙减小量	轴径尺寸	游隙减小量
大于 $1\frac{1}{4}$~$2\frac{1}{4}$	0.001	大于 $7\frac{1}{4}$~$8\frac{1}{4}$	0.004
大于 $2\frac{1}{4}$~$3\frac{1}{2}$	0.0015	大于 $8\frac{1}{4}$~$9\frac{1}{4}$	0.0045
大于 $3\frac{1}{2}$~$4\frac{1}{4}$	0.002	大于 $9\frac{1}{4}$~11	0.005
大于 $4\frac{1}{4}$~5	0.0025	大于 11~$12\frac{1}{2}$	0.006
大于 5~$6\frac{1}{2}$	0.003	大于 $12\frac{1}{2}$~14	0.007
大于 $6\frac{1}{2}$~$7\frac{1}{4}$	0.0035		

(6) 锁紧轴承。取下锁紧螺母,将止动垫安装到轴上(注意止动垫正反面,并将内止动耳对准紧定套槽),重新旋入锁紧螺母,用钩形扳手紧固锁紧螺母,为了确保其紧固性,可用手锤敲击一次,最后用塞尺再次检查、确认游隙减小量,检查无误后,将止动垫外止动耳弯折到锁紧螺母槽中,结果如图 2-42 所示。

(7) 安装外侧密封圈。将外侧密封圈装入轴上(密封环可轻松推动到指定位置),如图 2-43 所示。

(8) 将轴承组件装入轴承座孔。清除轴承座配合面上的多余油漆和毛刺,并彻底清洁轴承座孔,将轴承组件放入下轴承座孔内(注意将内外侧密封圈小心装入密封槽内),并用螺栓固定轴承座,结果如图 2-44 所示。

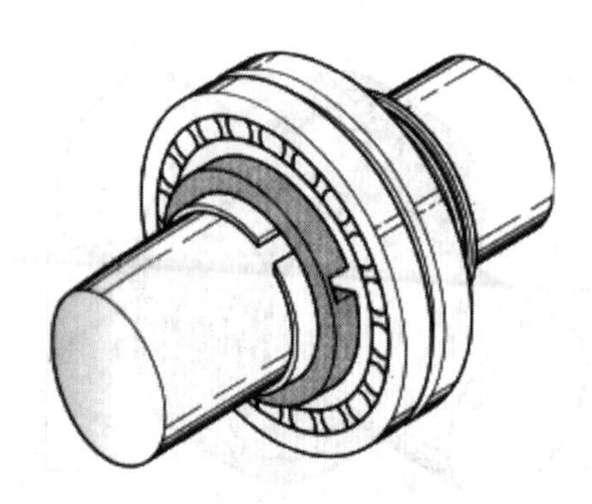

图 2-41 确定轴承轴向位置

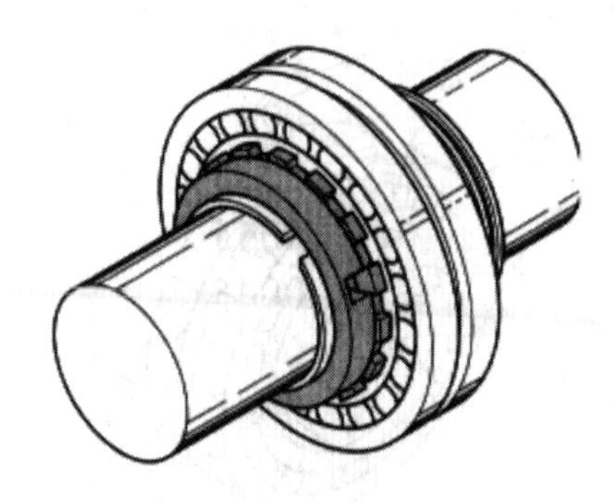

图 2-42 锁紧轴承

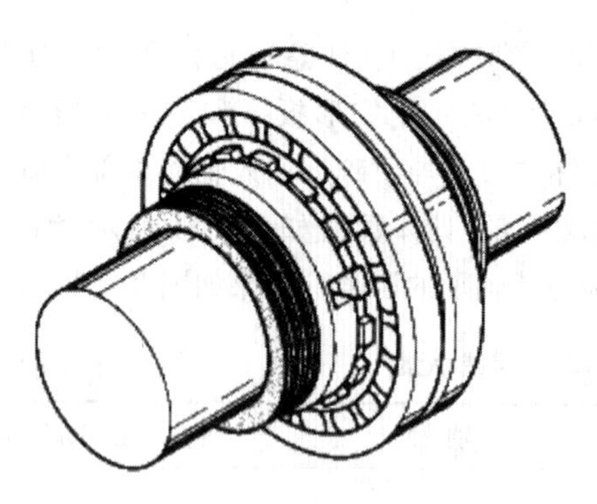

图 2-43 安装外侧密封圈

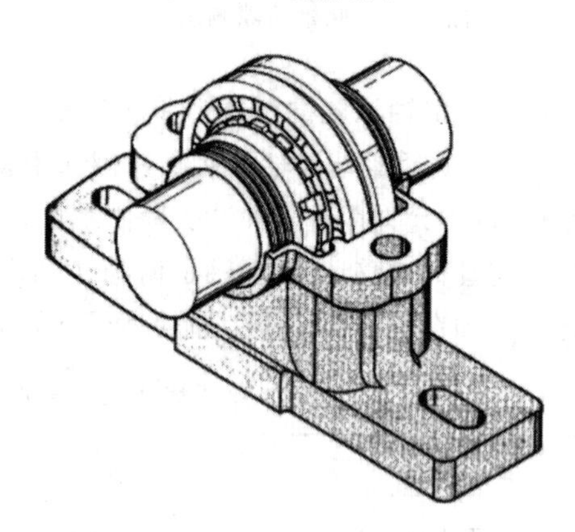

图 2-44 将轴承组件装入轴承座孔

(9) 安装固定环。轴向窜动轴承组件,以便固定环能插入靠近锁紧螺母一侧的轴承外圈和轴承座孔肩之间(注意:每根轴上只能有一个固定的轴承,其余轴承轴向应处于自由状态,无需安装固定环,以满足轴受热膨胀所需),结果如图 2-45 所示。

(10) 安装上半部分轴承座。将上半部分轴承座进行彻底清洁,去除配合面上多余油漆和毛刺,并彻底清洁座孔。将轴承座的两个定位销用手锤安装到下半部分轴承座上,然后将上半部分轴承座安装上,最后用两螺栓锁紧轴承座上下两部分(注意添加防松垫),即完成调心滚子轴承的安装,如图 2-46 所示。

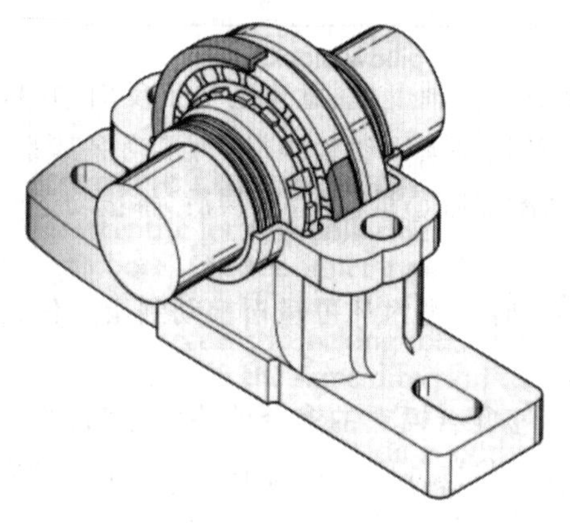

图 2-45 安装固定环

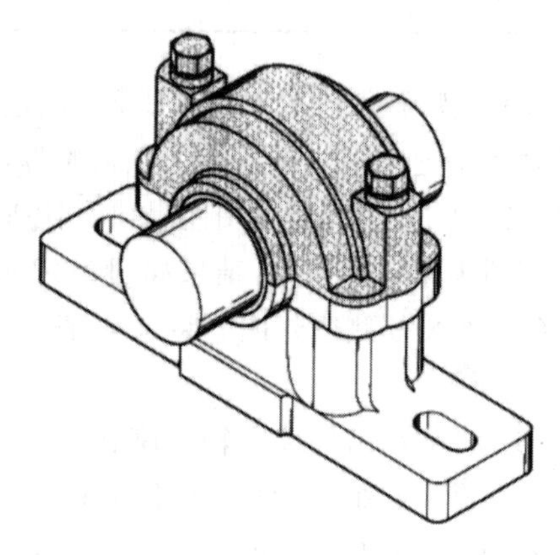

图 2-46 安装完毕

三、调整

安装完毕后，应检查轴承旋转灵活性，并试运行一段时间，检测轴承工作温度，若有明显温升过高现象，则需进一步进行检查，查明原因并作适当调整。

四、工作结束

清理工作场地，收工具。

2.4 拆装锥孔调心滚子轴承

如图 2-47 所示，锥轴两端装配的是锥孔调心滚子轴承，试将其拆卸下来，并更换一个新的锥孔调心滚子轴承。

图 2-47 锥孔调心滚子轴承

一、准备工作

1. 准备工用具

准备好拆装工用具：冲击扳手、手锤、液压螺母、液压泵、感应加热器、塞尺、清洁布、隔热手套。

2. 整理工作场地

对装配场地进行整理，清洁装配用工件和工具，并归类放置好备用。

3. 准备劳保用品

操作人员需穿戴好 PPE(个人防护设备)：工作服、安全眼镜、安全鞋。

二、拆装工作

(1) 用冲击扳手和手锤松开锁紧螺母，如图 2-48 所示，然后手动旋松锁紧螺母，注意不要完全卸下。

(2) 将连接头连接到轴端螺纹油孔内，如图 2-49 所示。

图 2-48 松开锁紧螺母

图 2-49 安装连接头

(3) 连接液压泵油管(快速接头形式,即插即用),如图 2-50 所示。

(4) 通过液压泵向轴内部油路注油,即通过注油法拆卸锥孔调心滚子轴承,如图 2-51 所示。压力达到一定值时,轴承自动卸下,之前没有完全卸下的锁紧螺母此时可以起到保护作用,防止轴承飞出。

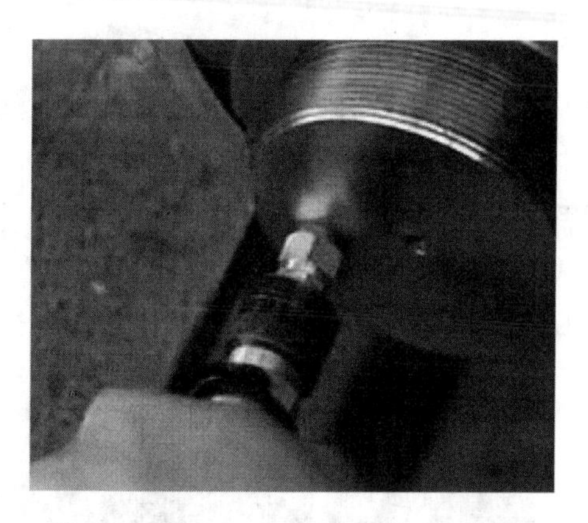

图 2-50　连接油管

图 2-51　注油法拆卸轴承

(5) 取下旧轴承,将同一型号的新轴承套到锥轴上,然后将液压螺母旋到轴上,如图 2-52 所示。

(6) 将液压泵油管连接到液压螺母上,并逐渐加压,如图 2-53 所示,注意观看压力表显示的压力值,当达到规定压力值(查工具使用手册),停止施压。用塞尺检查轴承游隙大小,如图 2-54 所示,并判断游隙减小量是否合格,若合格,则标记出此时轴承的轴向位置。打开液压泵回压阀,泄压后,将液压螺母拆下。

图 2-52　安装液压螺母

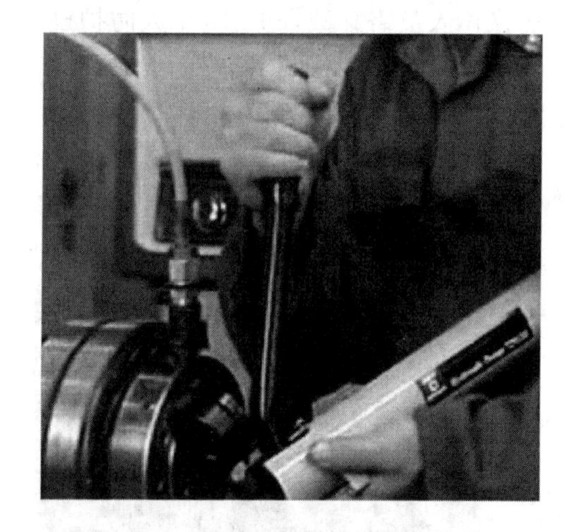

图 2-53　用液压螺母法预安装轴承

(7) 用感应加热器加热轴承,如图 2-55 所示。

(8) 戴上隔热手套,将加热后的轴承装配到轴上,注意与之前做的标记对齐,如图 2-56 所示,即完成了整个装配工作。

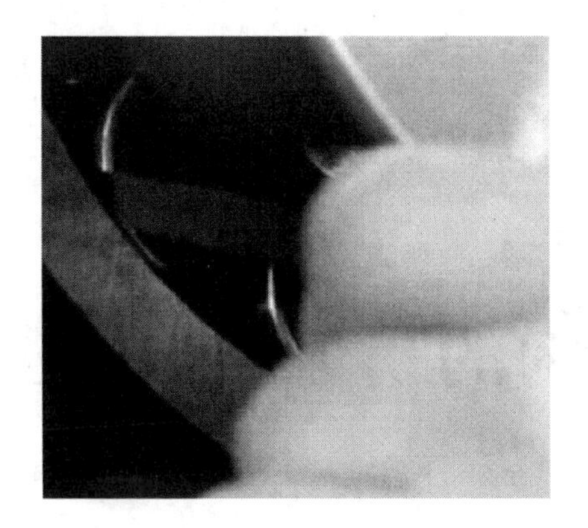

图 2-54　测量游隙

图 2-55　加热轴承

图 2-56　热装轴承

三、调整

安装完毕后，应检查轴承旋转灵活性，若有问题，则需进一步进行检查，查明原因并作适当调整。

四、工作结束

清理工作场地，收工具。

思　考　题

1. 常见滚动轴承种类有哪些？有何特点？分别应用于哪些场合？
2. 轴承安装方法有哪些？分别应用于什么场合？
3. 轴承拆卸方法有哪些？分别应用于什么场合？
4. 轴承游隙如何检查？
5. 轴承与轴的连接方式有几种？
6. 常用的轴承加热方法有哪些？

3

项目

带传动机构的拆装与调整

能力目标

(1) 能识别各种类型的传动带与带轮。

(2) 能正确安装并校正带轮。

(3) 能调整带传动的张紧力。

(4) 能按照“6S”操作要求，完成带传动机构的拆装与调整工作。

3.1 相关知识

带传动是利用张紧在带轮上的柔性带进行运动或动力传递的一种机械传动，通常由主动轮、从动轮和张紧在两轮上的环形带组成，如图3-1所示。带传动具有结构简单、传动平稳、能缓冲吸振、可以在大的轴间距和多轴间传递动力，且造价低廉、不需润滑、维护容易等特点，在机械传动中应用十分广泛。

图3-1 带传动

一、带传动的类型

根据传动原理的不同，有靠带与带轮间的摩擦力传动的摩擦型带传动，也有靠带与带轮上的齿相互啮合传动的同步带传动。其中摩擦型传动带根据其截面形状的不同又分平带、V带和特殊带（多楔带、圆带）等。目前，V带和同步带使用非常广泛，下面作详细介绍。

1. V带传动

（1）V带结构

普通V带通常由外层的包布、顶层的绝缘胶体、绳芯和底部的胶体组成，如图3-2所示。

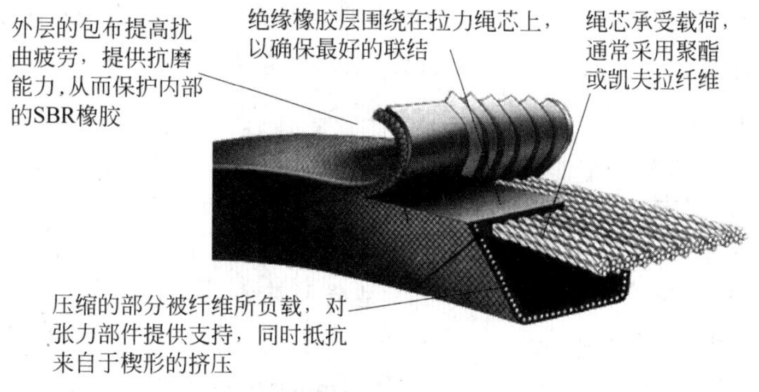

图3-2　V带结构

（2）V带型号与规格

常用V带分为普通V带和窄V带两种。普通V带型号规格有Y、Z、A、B、C、D、E（由小到大）；SP系列窄V带型号规格有SPZ、SPA、SPB、SPC；V系列窄V带型号规格有3V、5V、8V，详见表3-1。

由表3-1可知，同型号的普通V带与窄V带顶部宽度相近，但窄V带比普通V带更厚些，额外的厚度使支撑绳芯的接触面积更大，使皮带承受更大的张力，从而可以传递更大的功率，但是额外的厚度导致装配不如普通V带方便。传递功率相同的情况下，选用窄V带可减小带轮厚度，使皮带悬垂重量变小，如图3-3所示。

表3-1　V带型剖面尺寸　　单位：mm

SP系列窄V带	SPZ 9.7 8	SPA 12.7 10	SPB 16.3 13	SPC 22 18	
普通V带	Z 10 6	A 13 8	B 17 11	C 22 14	D 32 20
V系列窄V带	3V 9 8		5V 15 13	8V 25 23	

图 3-3 普通 V 带与窄 V 带对带轮厚度的影响

目前,V 带长度已标准化,当 V 带绕皮带轮转动弯曲时,其长度和宽度均保持不变的层面称为中性层。在规定的张紧力下,沿三角带中性层量得的周长称为基准长度 L_d,又称公称长度,它主要用于带传动的几何尺寸计算和带的标记。另外,三角带的长度还可以用内周长和外周长表示。V 带具体标记方法如下。

普通 V 带：A 1400。

含义：基准长度为 1400mm(in)的 A 型普通 V 带。

SP 系列窄 V 带：SPA 1000。

含义：基准长度为 1000mm(in)的 SPA 型窄 V 带。

V 系列窄 V 带：5V1250。

含义：外周长为 1250/10in(1250/10×25.4mm)的 5V 型窄 V 带。

(3) V 带轮

带轮常用材料为铸铁,转速较高时宜采用铸钢或钢板冲压后焊接,小功率传动可采用铸铝或塑料。

标准 V 带轮按结构尺寸有多种基本形式,各种基本形式中又有多种不同结构,以适应不同机器整体结构要求,一般 V 带轮由轮缘、轮辐和轮毂组成。V 带截面楔角均为 40°,但由于 V 带在不同直径的带轮上弯曲时,其截面形状发生变化,宽边受拉变窄,窄边受压变宽,因而 V 带楔角将减小。为保证胶带和带轮工作面能良好接触,带轮槽角都应适当减小(表 3-2)。带轮按轮辐结构的不同分为实心带轮、腹板带轮、孔板带轮和轮辐带轮等,如图 3-4 所示。当带轮基准直径 $d_b \leqslant (2.5 \sim 3) d_0$($d_0$ 为轴径,mm)时,可采用实心式；$d_b \leqslant 300$mm 时,采用腹板式或孔板式；$d_b > 300$mm 时,采用轮辐式。V 带轮的轮槽尺寸如图 3-5 和表 3-2 所示。带轮安装孔有圆柱孔和圆锥孔两种形式,可直接或通过锥套安装到圆柱或圆锥轴表面。

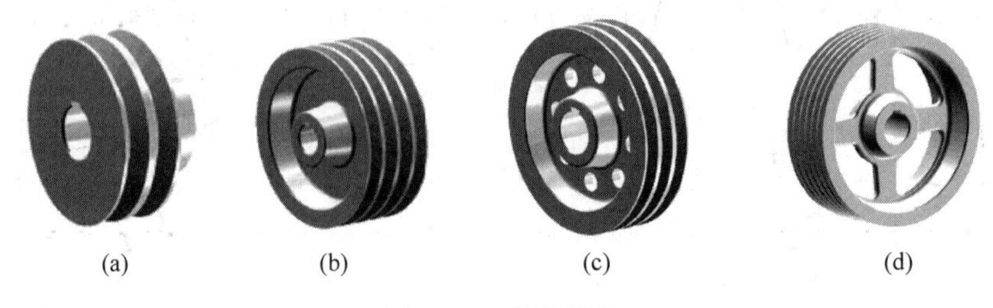

图 3-4 V 带轮结构

(a) 实心带轮；(b) 腹板带轮；(c) 孔板带轮；(d) 轮辐带轮

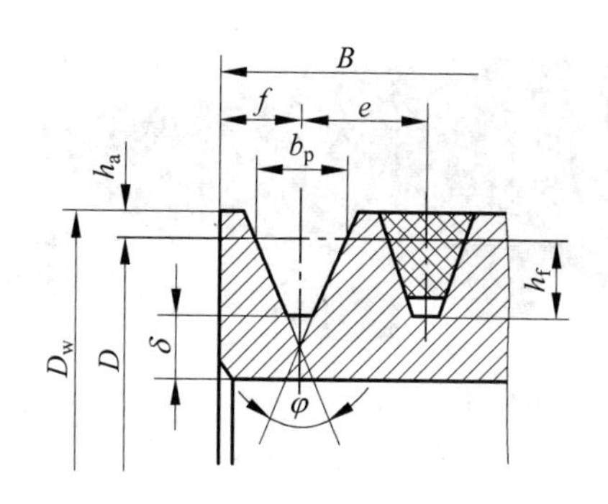

图 3-5 V 带轮的轮槽尺寸

表 3-2 轮槽尺寸 单位：mm

项目		符号	槽型						
			Y	Z SPZ	A SPA	B SPB	C SPC	D	E
基准宽度(节宽)		b_p	5.3	8.5	11.0	14.0	19.0	27.0	32.0
基准线上槽深		h_{amin}	1.6	2.0	2.75	3.5	4.8	8.1	9.6
基准线下槽深		h_{fmin}	4.7	7	8.7	10.8	14.3	19.9	23.4
				9.0	11.0	14.0	19.0		
槽间距		e	8±0.3	12±0.3	15±0.3	19±0.4	25.5±0.5	37±0.6	44.5±0.7
第一槽对称面至端面的距离		f	7±1	8±1	10^{+2}_{-1}	12.5^{+2}_{-1}	17^{+2}_{-1}	23^{+3}_{-1}	29^{+4}_{-1}
最小轮缘厚		δ_{min}	5	5.5	6	7.5	10	12	15
带轮宽		B	$B=(z-1)e+2f$ z—轮槽数						
外径		D_w	$D_w=D+2h_a$						
轮槽角 φ	32°	相应的基准直径 D	≤60	—	—	—	—	—	—
	34°		—	≤80	≤118	≤190	≤315	—	—
	36°		>60	—	—	—	—	475	600
	38°		—	>80	>118	>190	>315	>475	>600
			±1°					±30°	

2. 同步带传动

同步带传动是由一根内周表面设有等间距齿形的环行带及具有相应吻合的轮所组成的。它综合了带传动、链传动和齿轮传动各自的优点。转动时，通过带齿与轮的齿槽相啮合来传递动力。传输用同步带传动具有准确的传动比，无滑差，可获得恒定的速比，传动平稳，能吸振，噪声小，传动比范围大，一般可达 1∶10。允许线速度可达 50m/s，传递功率从几瓦到几百千瓦。传动效率高，一般可达 98%，结构紧凑，适宜于多轴传动，不需润滑，无污染，因此可在不允许有污染和工作环境较为恶劣的场所下正常工作。

(1) 同步带结构

同步带是以钢丝绳或玻璃纤维为强力层，外覆以聚氨酯或氯丁橡胶的环形带，带的内周制成齿状，使其与齿形带轮啮合，具体结构如图 3-6 所示。

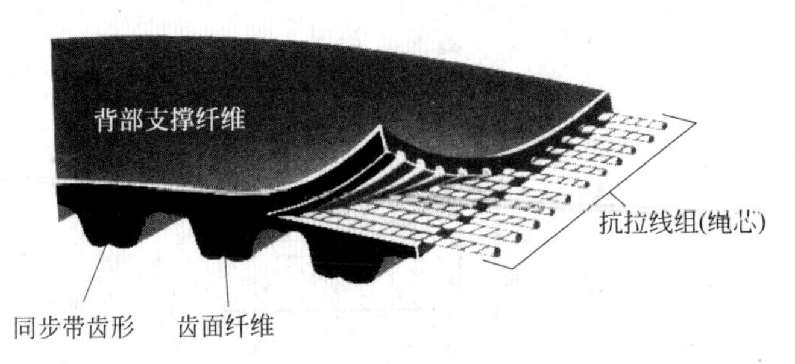

图 3-6　同步带结构

(2) 同步带型号与规格

同步带齿有梯形齿和弧齿两类,弧齿又有 3 种系列：圆弧齿(H 系列又称 HTD 带)、平顶圆弧齿(S 系列又称为 STPD 带)和凹顶抛物线齿(R 系列)。梯形齿同步带分单面有齿和双面有齿两种,简称为单面带和双面带。双面带又按齿的排列方式分为对称齿型(代号 DA)和交错齿型(代号 DB)。

弧齿同步带除了齿形为曲线形外,其结构与梯形齿同步带基本相同,带的节距相当,其齿高、齿根厚和齿根圆角半径等均比梯形齿大。带齿受载后,应力分布状态较好,平缓了齿根的应力集中,提高了齿的承载能力。故弧齿同步带比梯形齿同步带传递功率大,且能防止啮合过程中齿的干涉。

下面以最常见的梯形齿同步带为例,详细介绍同步带型号与规格。

① 同步带的主要参数。同步带的主要参数如图 3-7 所示,其中 P_b 为节距,S 为齿根宽度,r_r 为齿根圆角半径,r_a 为齿顶圆角半径,β 为齿形角,h_t 为齿高,h_s 为带高,δ 为节顶距。

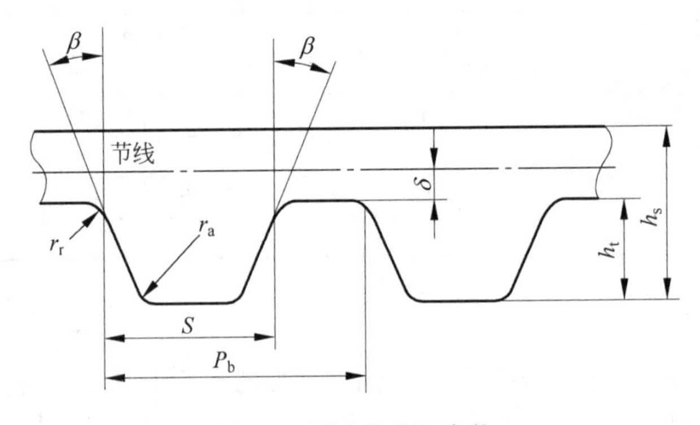

图 3-7　同步带主要参数

② 同步带型号。按节距不同,同步带分为 7 种型号。

MXL(Minimal Extra Light)：最轻型,节距为 2.032mm。

XXL(Extra Extra Light)：超轻型,节距为 3.175mm。

XL(Extra Light)：特轻型,节距为 5.080mm。

L(Light)：轻型,节距为 9.525mm。

H(Heavy)：重型,节距为 12.700mm。

XH(Extra Heavy)：特重型，节距为 22.225mm。

XXH(Double Extra Heavy)：最重型，节距为 31.750mm。

③ 同步带尺寸标准。

长度。同步带长度以节线长度表示，在带的标记中以尺寸代号的形式表示。

宽度和高度。各型号同步带的高度是一定的，宽度不同，在带的标记中以尺寸代号的形式表示。

④ 同步带标记。

例：420 L 050。

420 为长度代号，实际节线长度＝长度代号/10(in)＝长度代号/10×25.4(mm)，即 420/10×25.4＝1066.80mm；L 为型号，即轻型，节距为 9.525mm；050 为宽度代号，实际宽度＝宽度代号/100(in)＝宽度代号/100×25.4(mm)，即 050/100×25.4＝12.7mm。

注意：XXL 型同步带实际节线长度与宽度的计算方法与上例不同。

例：B120 XXL 4.8。

B120 为长度代号，120 为齿数，则实际节线长度＝齿数×齿距＝120×3.175＝381mm；XXL 为型号，即最轻型，节距为 3.175mm；4.8 为宽度代号，实际宽度＝4.8mm。

(3) 同步带轮

同步带轮一般由钢、铝合金、铸铁、黄铜等材料制造。内孔有圆孔、D 形孔、锥形孔等形式。表面处理有本色氧化、发黑、镀锌、镀彩锌、高频淬火等处理，如图 3-8 所示，精度等级依客户要求而定。

图 3-8　同步带轮

同步带轮型号通常通过齿数、带型号、带宽来表示，例如：60 XXH 400 WS，其中 60 为齿数；XXH 为同步带型号；400 为带宽代号，即 4 英寸；WS 为轮型代号。

同步带轮安装孔有圆柱孔和圆锥孔两种形式，可直接或通过锥套安装到圆柱或圆锥轴表面。

二、带传动装配操作要点

1. 正确着装

操作者工作时必须扣紧扣子、领带，禁止穿宽大而松散的衣服靠近运动着的传动系统，戴安全防护眼镜，杜绝如图 3-9 所示的违规现象，确保安全。

2. 上锁挂牌

为了保证装配过程的安全性，工作前必须关闭电源开关，并上锁挂牌，如图 3-10 所示。工作结束之后，方可解锁摘牌。

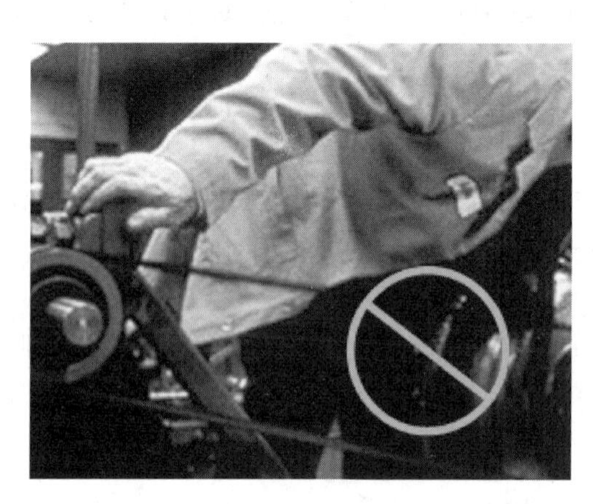

图 3-9 错误的着装

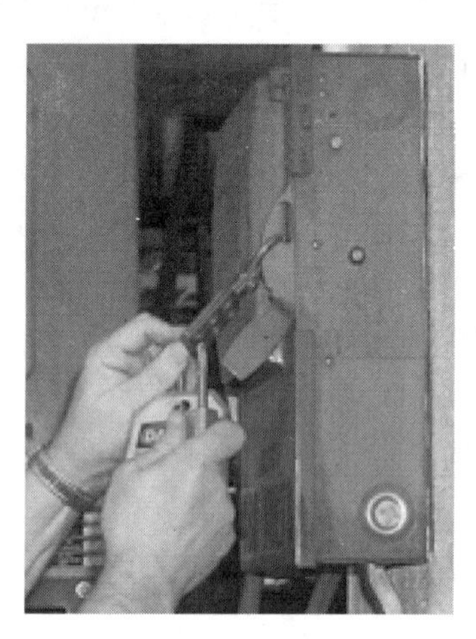

图 3-10 上锁挂牌

3. 安装前检查与清洁

安装之前检查零件型号、数量是否正确，检查带轮是否有尖刺、异物进入、磨损。可以使用三角带轮槽量规检查带轮槽，磨损超过 0.4mm，需更换，如图 3-11 所示。所有配合面必须清洁，确保无油渍、油漆，清洁干净后分类摆放好，如图 3-12 所示。

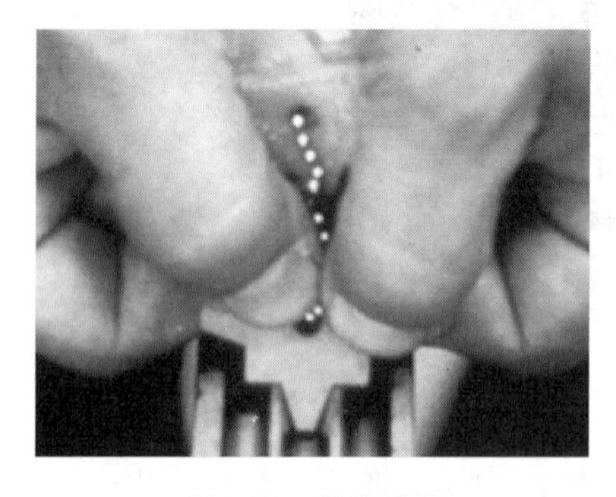

图 3-11 带轮槽规

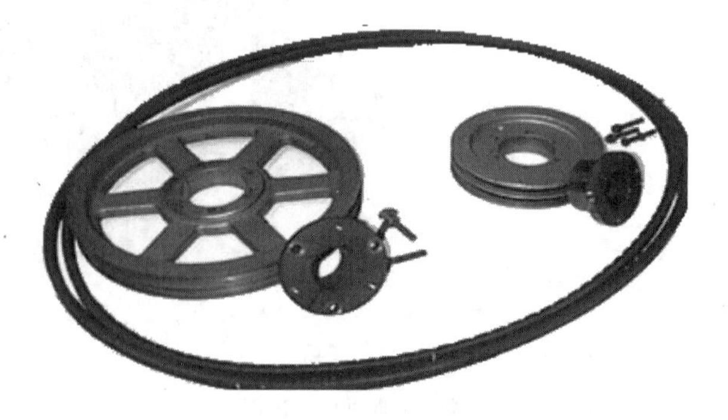

图 3-12 分类摆放零件

4. 带轮安装方式

带轮在轴上常用的安装方式有 3 种：过盈配合连接(图 3-13(a))、平锥套锁紧(图 3-13(b))、法兰锥套锁紧(图 3-13(c))(具体拆装方法详见 3.2 节、3.3 节以及 4.1 节)。

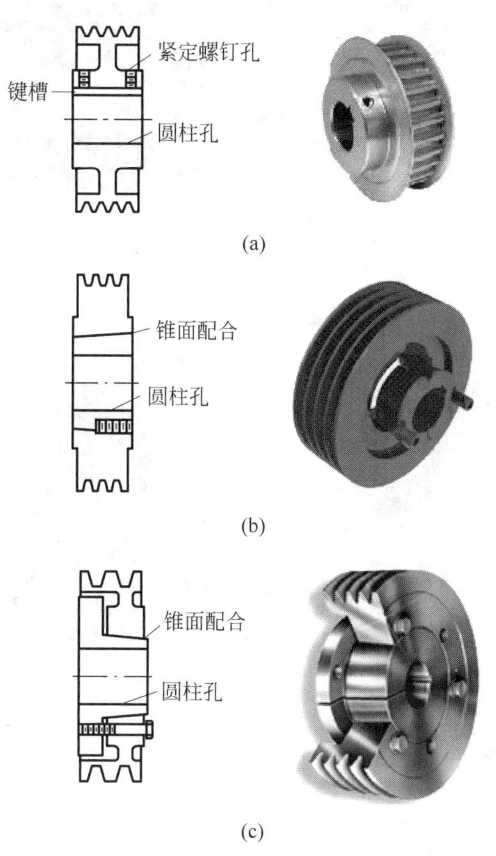

图 3-13 带轮安装方式

(a) 过盈配合连接；(b) 平锥套锁紧；(c) 法兰锥套锁紧

5. 校准带轮

准确对中对传动带和带轮寿命非常关键。如图 3-14 所示，由于带轮与轴的安装配合不当，主动轴、被动轴不平行或不当装配而使带轮倾斜等原因，造成带轮轮槽不对中，应进行检查并作适当调整，直至达到误差允许范围内。目前，检查带轮是否对中的方法有两种：一种是四点一线法，如图 3-15 所示，用直尺(远距离时，可以用长绳)靠在带轮外缘上，观察两带轮边缘四点是否在一条直线上，根据测量结果进行适当调整。(注意：若两带轮宽度不同，则测量时应考虑宽度差。)；另一种方法是利用激光对中仪进行测量，如图 3-16 所示，

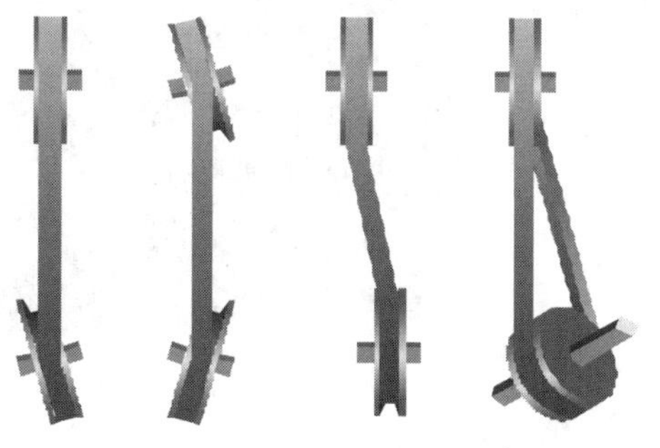

图 3-14 带轮不对正

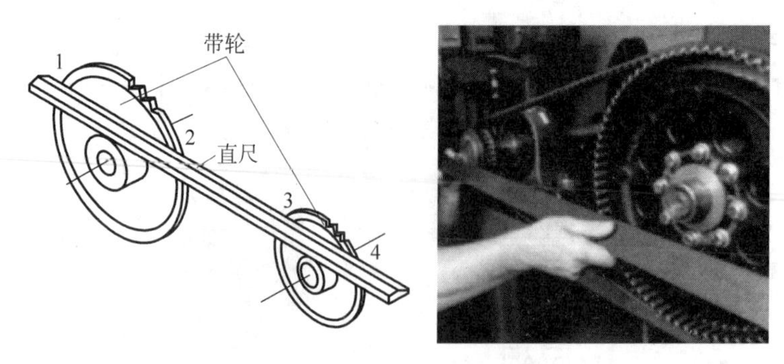

图 3-15　四点一线法校准带轮

图 3-16　激光找正带轮

激光照在靶子上，如果穿过靶子上的两个槽，则属于精确对齐。

6. 安装传动带

安装传动带之前，应缩小带轮中心距，将传动带放到带轮上，如图 3-17 所示。严禁用撬杠或螺丝刀等撬动方式安装传动带，因为那样可能会损坏皮带包布、同步齿或者绳芯，甚至损坏带轮边缘，如图 3-18 所示。

图 3-17　缩小中心距以安装传动带

图 3-18　不正确的安装方式

7. 张紧力调整

带传动是依靠张紧和摩擦来传递运动和动力，它因具有结构简单、传动平稳、维护方便、成本低廉、有过载保护作用及适于中心距较大传动等优点而在现代机械中得到广泛应用。但其显著的缺点是由于各种材质的带都不是完全的弹性体，在预紧力的作用下，经过一定时期运转后，就会由于塑性变形而松弛，使预紧力降低。为了保证带传动的工作能力，应定期检查预紧力的数值，发现不足时，必须重新张紧胶带，以保证正常的工作。目前常用的张紧方式有以下几种。

(1) 调整中心距

① 定期张紧机构。定期张紧机构应用最普遍。定期检查预紧力的数值，如发现不足，则调节中心距，使带重新张紧。对于两轴处于水平或倾斜不大的传动，可采用将装有带轮的电动机安装在滑轨上的移动式张紧装置(图 3-19)。对于垂直的或接近垂直的传动，可采用将装有带轮的电动机固定在可摆动的机座上的摆动式张紧装置(图 3-20)。

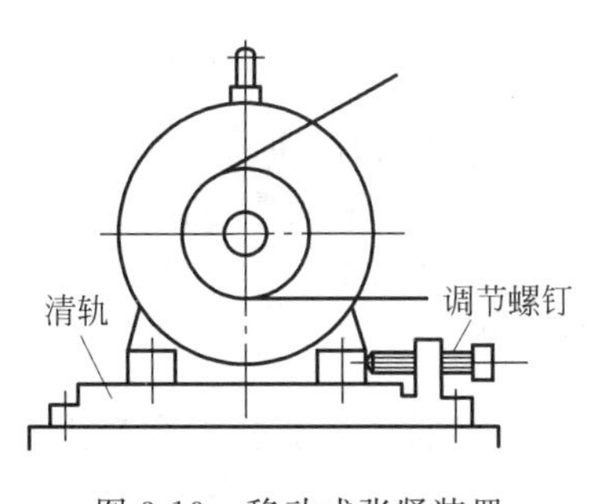

图 3-19　移动式张紧装置

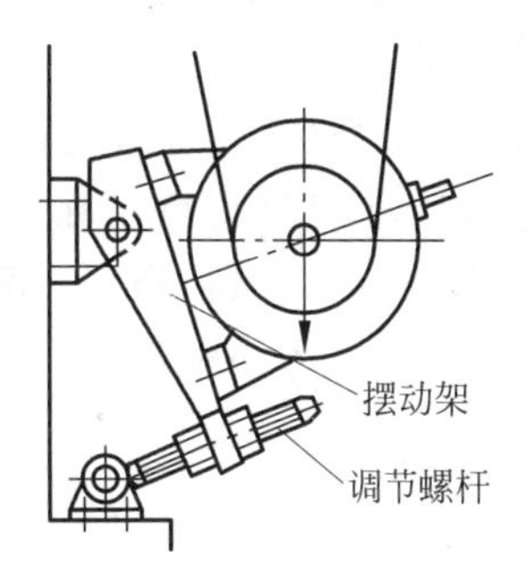

图 3-20　摆动式张紧装置

② 自动张紧机构。自动张紧装置常用于中、小功率的传动，如图 3-21 所示。将装有带轮的电动机安装在浮动的摆架上，利用电动机和摆架的重量自动保持张紧力。

(2) 用张紧轮张紧

当中心距不能调节时，可采用张紧轮将带张紧。图 3-22 所示为用于三角带、同步齿形带传动的定期张紧装置。适用于传动比大而中心距小的自动张紧装置，张紧轮一般应安装于带的松边靠近大轮处，以减小对小带轮包角的影响，避免降低带的传动能力。

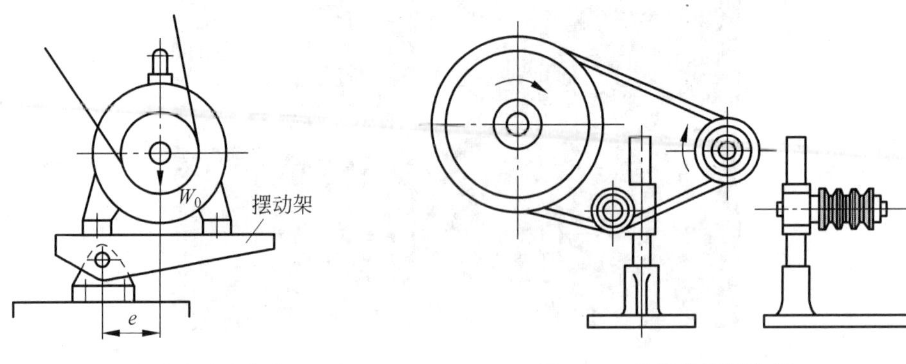

图 3-21 摆动式自动张紧装置

图 3-22 张紧轮张紧装置

8. 张紧力测量

合适的传动带松紧度对使用寿命来说很重要，太紧会给传动带和轴承带来额外的负载，降低它们的使用寿命，太松会出现传动带打滑现象而产生热能并降低使用寿命。厂家对出厂的传动带都给出了建议的张紧力值，安装之后，需检测张紧力是否接近建议值。具体的测量方法有以下三种。

(1) 经验法

具体做法是用大拇指按压传动带，凭经验感觉其松紧度。此法操作简单，但不是很精确。

(2) 用张力测量仪测量张紧力

为了精确地张紧传动带，应按照以下方式：在皮带的中央施加一个力(厂家建议值)，使皮带与张紧位置偏移 16mm/m。如图 3-23 所示，采用张力测量仪测量张紧力。测量时，从上面的皮圈处读取张紧力的大小，从下面的皮圈处读取下挠值。

(3) 音波张紧力仪

音波张紧力仪的工作原理是基于皮带张紧力、单位质量、皮带切线长受到振动时会产生一个固有频率。此数值可以在仪器上以赫兹(Hz)来显示，如图 3-24 所示。带的振动频率可查阅设备使用手册，当实际测量频率小于要求时，可调大中心距；当实际测量频率大于要求时，可调小中心距。

9. 试运行

由于传动带在运行一段时间后，线绳会伸长，带与带轮的磨合也会产生磨损，因此系统运行时产生的实际张紧力(有效张紧力)随着时间的推移，是一个下降的过程。初次安装完传动带后，应运行一段时间，然后再次测量并调整张紧力的大小，这样的试车将大大降低未来再次张紧的必要性。新皮带张紧时取标准推荐的最小值的 1.5 倍，理论允许最大可达 2 倍；二次张紧的皮带，取标准推荐的最小张紧力值的 1.1～1.3 倍。

试运行时，观察、听是否有不正常的振动或噪声。关掉机器，检查轴承和电机，如果感觉很热，那么也许是皮带张紧力太大，或轴承没有对齐，或润滑系统有问题。

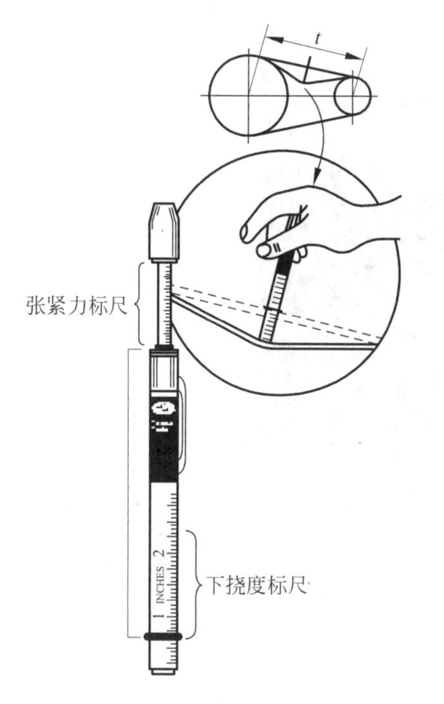

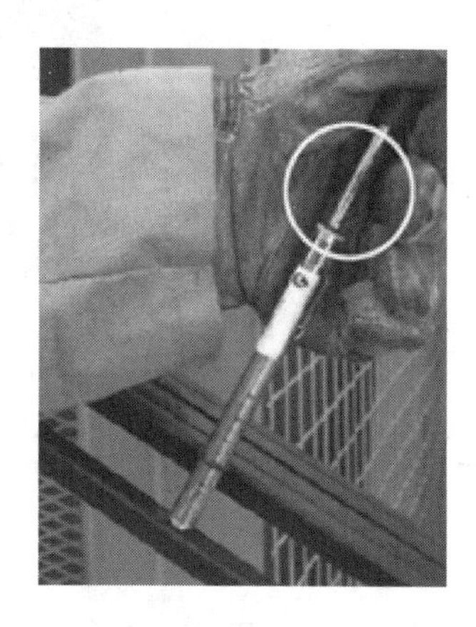

图 3-23 张力测量仪

图 3-24 音波张紧力仪

3.2 调整台钻转速

图 3-25 所示为钻孔用台钻，实际应用时，需要根据钻孔工件材料调整台钻转速，本训练项目便是通过变换 V 带在塔轮中的位置来改变台钻转速。具体工作过程如下。

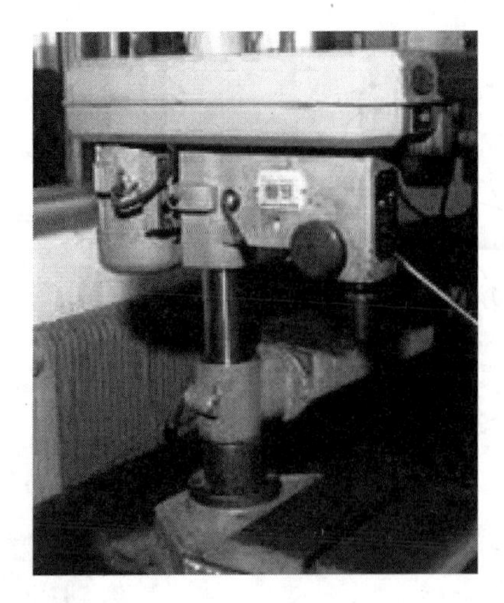

图 3-25　台钻

一、准备工作

1. 准备工用具

准备好拆装工用具：方形扳手、清洁剂、清洁布、带轮槽规、张力测量仪。

2. 整理工作场地

对装配场地进行整理，清洁装配用工件和工具，并归类放置好备用。

3. 准备劳保用品

操作人员需穿戴好 PPE(个人防护设备)：工作服、安全眼镜、安全鞋。

二、调整转速

(1) 切断电源，确保操作过程安全性。

(2) 打开防护罩，如图 3-26 所示。

图 3-26　台钻变速装置

(3) 缩小两带轮中心距,具体做法如图 3-27 所示,逆时针转动扳手,电机即可向主轴方向移动,缩小中心距。

(4) 拆下 V 带,如图 3-28 所示。

(5) 清洁并检查 V 带及带轮,检查带轮磨损情况,可以借助带轮槽规检查,检查 V 带是否有破损,判断是否可以继续使用,若不能继续使用,则需换上同型号 V 带。

(6) 将 V 带装入相应转速对应的轮槽中,再次调整中心距,以满足张紧力需要,用张力测量仪检验张紧力是否合适。

图 3-27 调整中心距

图 3-28 安装传动带

三、试运行

安装完毕后,应试运行,并观察、听是否有不正常的振动或噪音。关掉机器,检查轴承和电机,如果感觉很热,则或是皮带张紧力太大,或轴承没有对齐,或润滑系统有问题,找出原因并调整。

四、工作结束

清理工作场地,收工具。

3.3 带传动机构拆装训练

如图 3-29 所示,拆装其中的同步带传动机构,具体工作过程如下。

一、准备工作

1. 准备工用具

准备好拆装工用具:螺纹连接拆装工具套组、清洁剂、清洁布、张力测量仪、游标卡尺。

图 3-29 传动机构拆装训练装置

2. 整理工作场地

对装配场地进行整理，清洁装配用工件和工具，并归类放置好备用。

3. 准备劳保用品

操作人员需穿戴好 PPE(个人防护设备)：工作服、安全眼镜、安全鞋。

二、拆装大带轮

(1) 切断电源，确保操作过程安全性。

(2) 如图 3-30 所示，在拆卸大带轮之前应先取下同步带，并将一端带座轴承拆下。具体操作方法如下。

图 3-30 同步带传动机构

① 如图 3-31 所示，首先拆下大带轮轴两端带座轴承紧定螺钉，然后拆下轴承座紧固螺栓(注意存放好，以防丢失)。

图 3-31 带座轴承

② 缩小两轴中心距，取下同步带。

③ 拆下轴端轴承。

(3) 如图 3-32 所示，大带轮与轴之间采用法兰锥套紧固，拆卸时，首先将 3 个紧固螺栓取出，然后将其旋入拆卸孔中，逐渐旋紧，即可将锥套顶出，完成大带轮的拆卸。

图 3-32 拆卸大带轮

(4) 清洁并检查带轮及轴配合表面，确认磨损与变形情况，判断是否可以继续使用，若不能继续使用，则需换上同型号带轮。

(5) 将清洁并检查好的带轮和锥套重新装配起来，注意锥套上的光孔为安装孔，螺纹孔为拆卸孔，先不要将螺栓完全拧紧，将组装好的带轮套到轴上。

(6) 将两端带座轴承安装到轴上，并用螺栓紧固轴承座，注意不要完全拧紧。

(7) 用四点一线法确定大带轮轴向位置，并拧紧锥套螺栓(拧紧顺序和力矩大小详见项目 5 胀紧套安装与拆卸方法)，固定大带轮。

(8) 调整轴承座位置，增大中心距以张紧传动带，张紧力大小可用张力测量仪确定，调整好后，紧固轴承座螺栓，最后安装轴承紧定螺钉。

三、试运行

安装完毕后，应试运行，并观察、听是否有不正常的振动或噪声。关掉电源，检查轴承和电机，如果感觉很热，则或是皮带张紧力太大，或轴承没有对齐，或润滑系统有问题，找出原因并调整。

四、工作结束

清理工作场地，收工具。

3.4 拆装空气压缩机传动带轮

如图 3-33 所示为 DE3010 型空气压缩机，该空压机通过 V 带传递动力，本节训练拆装两个传动带轮，具体工作过程如下。

图 3-33 空气压缩机

一、准备工作

1. 准备工用具

准备好拆装工用具：螺纹连接工具套组、液压拉拔器、游标卡尺、清洁布。

2. 整理工作场地

对装配场地进行整理，清洁装配用工件和工具，并归类放置好备用。

3. 准备劳保用品

操作人员需穿戴好 PPE(个人防护设备)：工作服、安全眼镜、安全鞋。

二、拆装带轮

(1) 切断电源，确保工作过程安全性。

(2) 拆下防护罩，如图 3-34 所示。

(3) 旋松电机地脚螺栓，如图 3-35 所示，缩小中心距，取下传动带。

(4) 拆下大带轮轴端挡圈，如图 3-36 所示。

图 3-34 拆卸防护罩

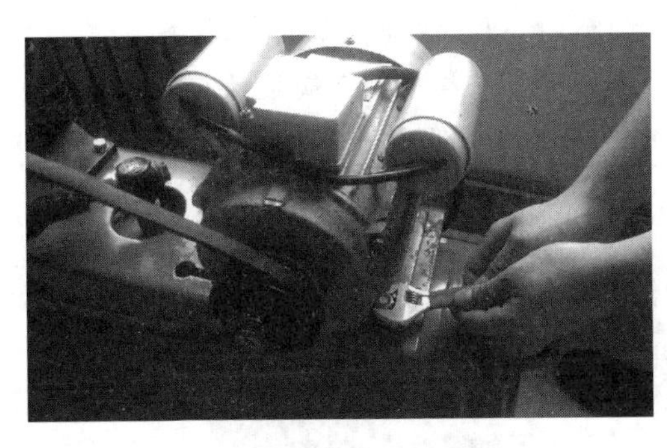

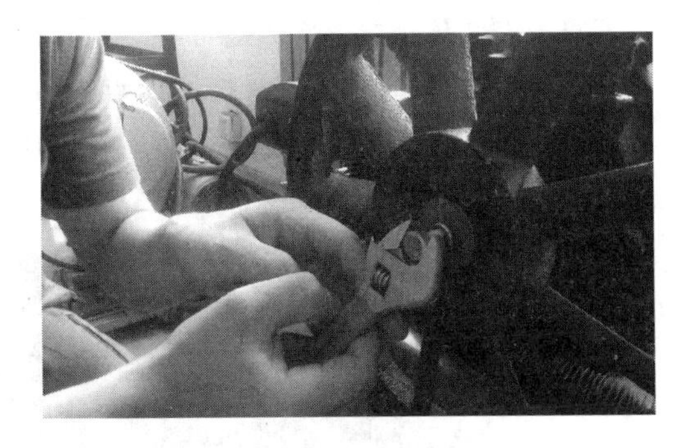

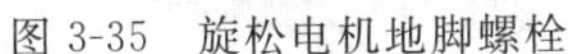

图 3-35　旋松电机地脚螺栓　　图 3-36　拆卸大带轮轴端挡圈

(5) 用液压拉拔器拆卸大、小带轮，如图 3-37 所示。

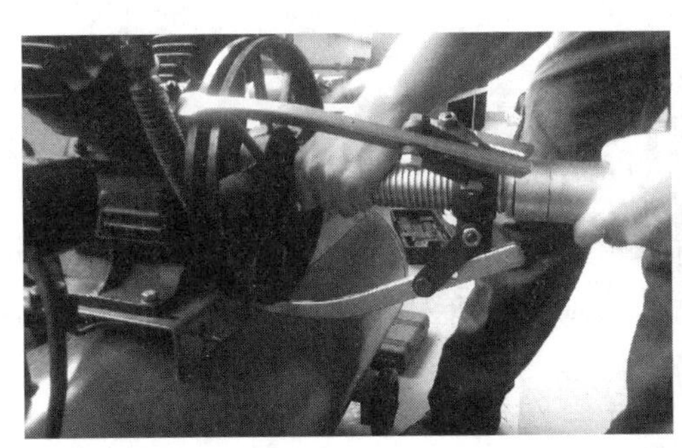

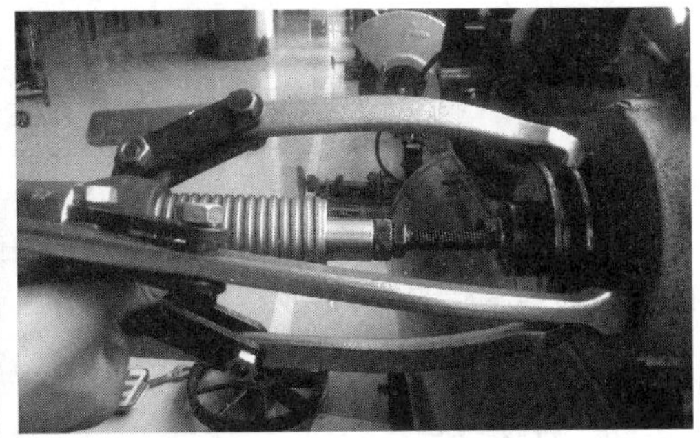

图 3-37　拆卸大、小带轮

(6) 清洁并检查两带轮轴及带轮内孔表面质量，观察有无破损，磨损是否严重，并用游标卡尺检查小带轮轴径和带轮轴孔尺寸是否合格(大带轮轴为锥轴，可自行补偿磨损)。

(7) 安装大带轮：将大带轮放到锥轴上，注意将键槽对准轴上短圆柱销，用胶皮锤锤击大带轮，使其紧固到锥轴上，如图 3-38 所示，然后安装轴端挡圈。

(8) 安装小带轮：将小带轮放到小带轮轴上，注意键槽对准轴上键的位置，用手锤敲击铜棒将小带轮安装到合适位置，如图 3-39 所示。

图 3-38　安装大带轮　　图 3-39　安装小带轮

(9) 安装传动带：将传动带安装到轮槽中，调整中心距，保证合适的张紧力。

(10) 带轮找正：用直尺按照四点一线法找正带轮(注意两带轮宽度不同，找正时应考虑宽度差，此处两带轮厚度差为10mm，找正时两带轮轴向偏移量应为5mm)，如图3-40所示，找正后紧固电机地脚螺栓。

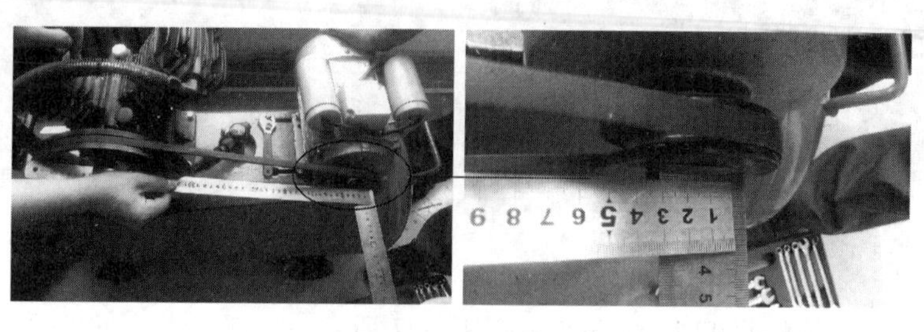

图3-40 带轮找正

(11) 安装防护罩。

三、试运行

安装完毕后，应试运行，并观察、听是否有不正常的振动或噪声。关掉电源，检查轴承和电机，如果感觉很热，则或是皮带张紧力太大，或轴承没有对齐，或润滑系统有问题，找出原因并调整。

四、工作结束

清理工作场地，收工具。

思 考 题

1. 常见的带传动类型有哪些？各自有何特点？
2. V带和同步带如何进行标记？
3. 带轮如何进行校正？
4. 带传动张紧机构有哪些？
5. 传动带张紧力如何测量与调整？
6. 带传动机构装配要点有哪些？

项目 4

链传动机构的拆装与调整

能力目标

(1) 能识别各种类型的传动链。

(2) 能正确安装并校正链轮。

(3) 能调整链传动的下垂度。

(4) 能按照"6S"操作要求,完成链传动机构的拆装与调整工作。

4.1 相关知识

链传动是通过链条将具有特殊齿形的主动链轮的运动和动力传递到具有特殊齿形的从动链轮的一种传动方式,如图 4-1 所示。链传动有许多优点,与带传动相比,无弹性滑动和打滑现象,平均传动比准确,工作可靠,效率高;传递功率大,过载能力强,相同工况下的传动尺寸小;所需张紧力小,作用于轴上的压力小;能在高温、潮湿、多尘、有污染等恶劣环境中工作。链传动的缺点主要有:仅能用于两平行轴间的传动;成本高,易磨损,易伸长,传动平稳性差,运转时会产生附加动载荷、振动、冲击和噪声,不宜用在急速反向的传动中。

图 4-1 链传动

一、传动链类型与结构

传动链有齿形链和套筒滚子链两种，如图 4-2 和图 4-3 所示。齿形链是利用特定齿形的链片和链轮相啮合来实现传动的。齿形链传动平稳，噪声很小，故又称无声链传动。齿形链允许的工作速度可达 40m/s，但制造成本高，重量大，故多用于高速或运动精度要求较高的场合。套筒滚子链由内链板、外链板、套筒、销轴、滚子组成，如图 4-4 所示，外链板固定在销轴上，内链板固定在套筒上，滚子与套筒间和套筒与销轴间均可相对转动，因而链条与链轮的啮合主要为滚动摩擦。套筒滚子链可单列使用和多列并用，多列并用可传递较大功率。套筒滚子链比齿形链重量轻、寿命长、成本低，在动力传动中应用较广。

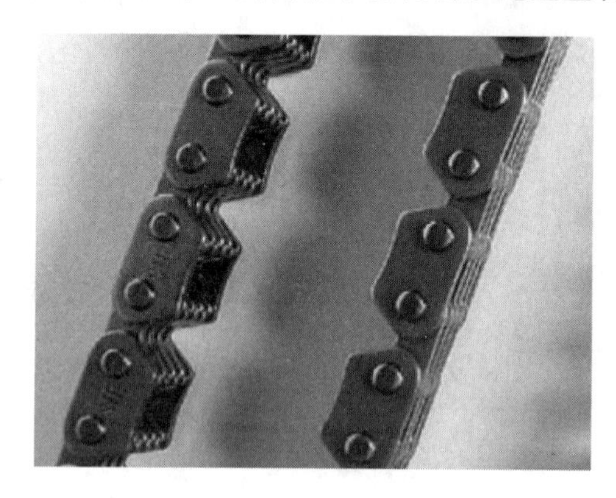

图 4-2　齿形链

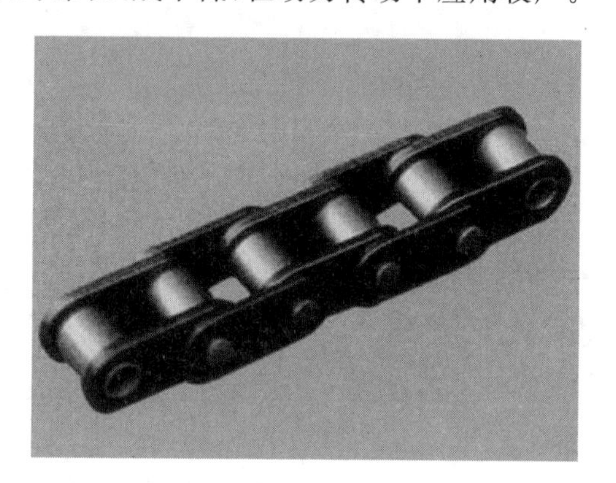

图 4-3　套筒滚子链

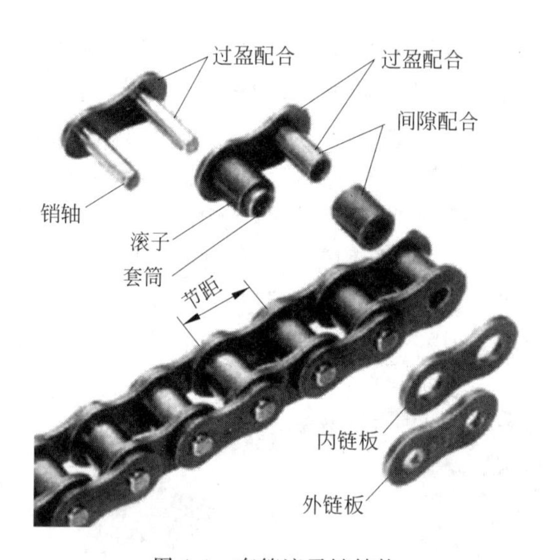

图 4-4　套筒滚子链结构

二、传动链型号

套筒滚子链已经标准化，国标标记为：链号—排数×链节数 国标号。

例：08A—1×87 GB1243.1—1983

含义：A 系列、节距 p=链号×25.4/16=12.7mm，单排，87 节。

美国(ANSI)标准规定传动链型号标记具体如下。

右边第一位数字：0 表示标准规格链；1 表示轻载链；5 表示没有滚子的链；H 表示链为重载链。

右边第二、三位数字×1/8″=节距

例如，50H 表示节距为 5/8″的重载链；41 表示节距为 1/2″的轻载链。

三、链轮结构

图 4-5 所示为常用的链轮结构。小直径链轮一般做成整体式(图 4-5(a))；中等直径链轮多做成辐板式，为便于搬运、装卡和减重，在辐板上开孔(图 4-5(b))；大直径链轮可做成组合式，可将齿圈用螺栓连接在轮毂上(图 4-5(c))，也可将齿圈焊接在轮毂上(图 4-5(d))，此时齿圈与轮芯可用不同材料制造。

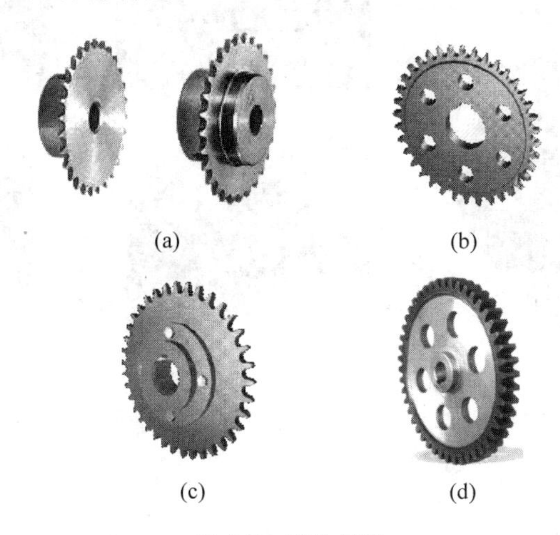

图 4-5　链轮结构

(a) 实体式；(b) 辐板式；(c) 螺栓连接组合式；(d) 焊接组合式

四、链条拆装操作要点

1. 正确着装

操作者工作时必须扣紧扣子、领带，禁止穿宽大而松散的衣服靠近运动着的传动系统，戴安全防护眼镜，确保安全。

2. 上锁挂牌

为了保证装配过程的安全性，工作前必须关闭电源开关，并上锁挂牌，工作结束之后，方可解锁摘牌。

3. 链轮安装方式

链轮在轴上常用的安装方式与带轮相同，有 3 种：过盈配合连接、平锥套锁紧和法兰锥套锁紧。这里只介绍平锥套锁紧安装方式，其余两种安装方式详见项目 3。

平锥套结构如图 4-6 所示，其中光孔为安装孔，螺纹孔为拆卸孔。平锥套的安装方法如图 4-7 所示，首先清洁所有部件表面，如链轮毂孔、锥套、螺栓孔等，使所有的螺孔对齐(注意链轮上螺纹孔与锥套上光孔对齐，链轮上光孔与锥套上螺纹孔对齐)，如图 4-7(a)所示。将螺栓旋入安装孔，但暂不旋紧，将键置于轴的键槽上，清洁传动轴表面，将已装上锥套的链轮推到轴上的预定位置，如图 4-7(b)所示。利用内六角扳手交替地逐渐上紧各螺栓(拧紧顺序和力矩大小详见项目 5 胀紧套安装与拆卸方法)，如图 4-7(c)所示。在试运转后，检查螺栓的拧紧扭矩，如有必要，重新拧紧。若要拆卸链轮，则将安装孔中螺栓旋出，旋入拆卸孔，如图 4-7(d)所示，用内六角扳手交替地逐渐上紧各螺栓，即可卸下锥套，拆下链轮。

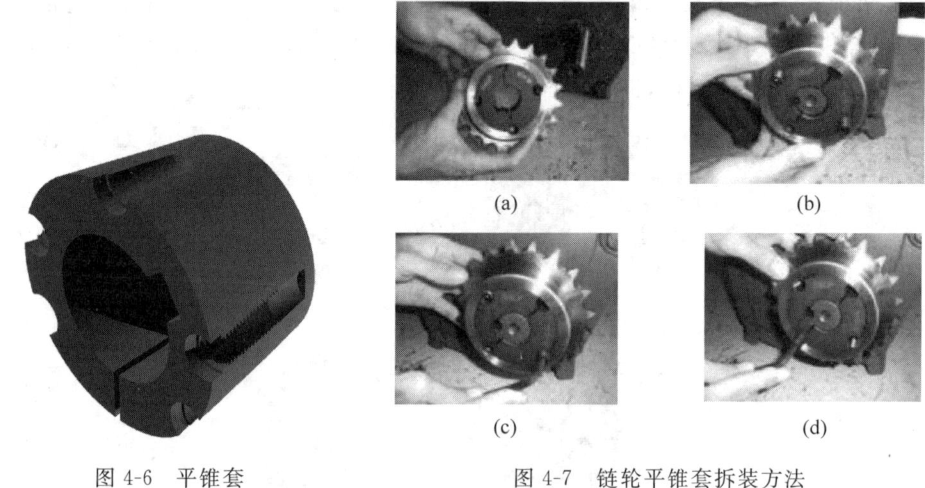

(a) (b) (c) (d)

图 4-6 平锥套　　　　图 4-7 链轮平锥套拆装方法

4. 链轮校准

链轮校准方法同带轮(详见项目 3)。

5. 链条拆卸与连接

(1) 链条拆卸方法

实际使用时，需根据链条长度进行截取，可以使用如图 4-8 所示方法，用冲子将销轴冲击下来，也可以使用专用拆链器进行拆卸，如图 4-9 所示。各种拆链器的结构有所不同，但拆卸原理相同，都是将被拆的链条固定好之后，旋转手柄，用顶杆将销轴顶出。

(2) 链条连接方法

根据实际长度截取后的链条可能是奇数节，也可能是偶数节，奇数节链条和偶数节链条的接头方式不同，偶数节链条使用的连接节如图 4-10 所示，奇数节使用的过渡节如图 4-11 所示。过渡节在工作过程中会产生附加弯矩，承载能力下载，尽量避免使用。过渡节装配时，需要注意将销轴扁口处与链板孔相对应。

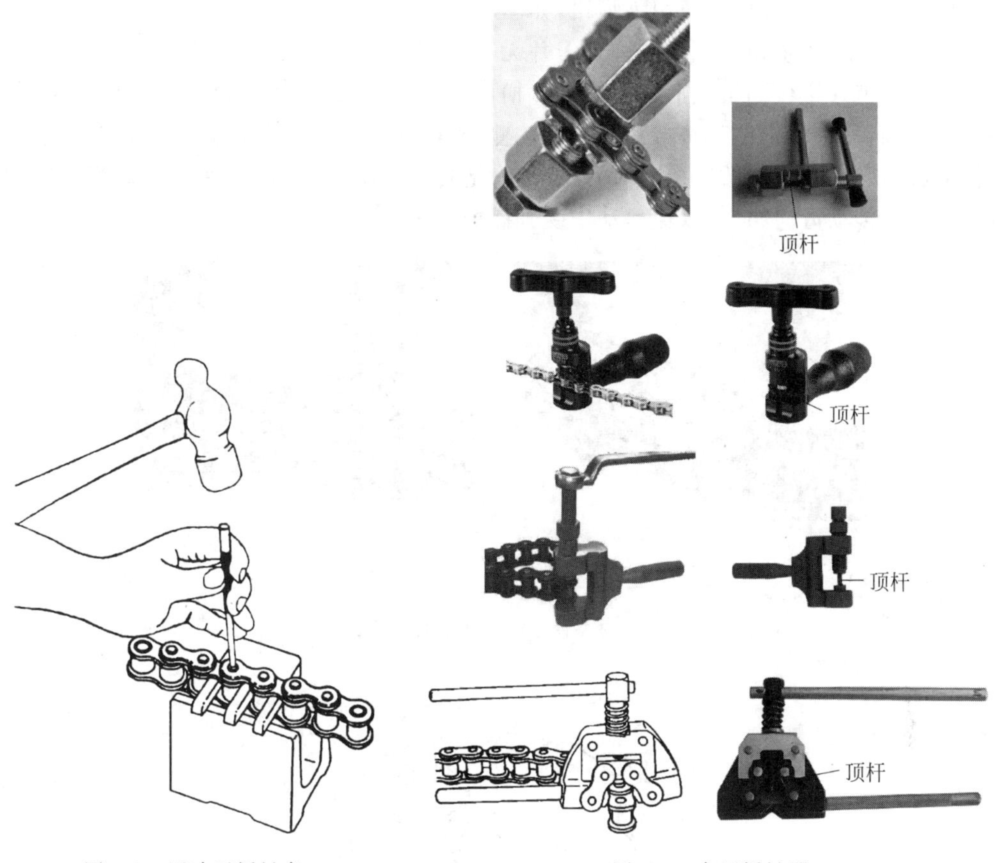

图 4-8 用冲子拆链条

图 4-9 专用拆链器

图 4-10 连接节

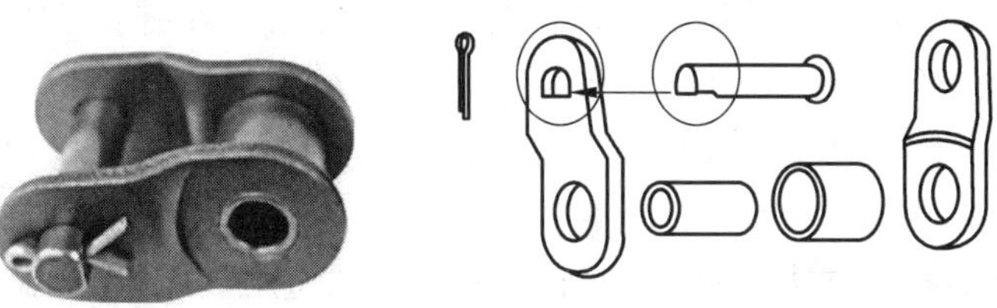

图 4-11 过渡节

偶数连接节拆装时，可使用尖嘴钳，如图 4-12 所示。安装时，弹簧卡片的固定方法如图 4-12(a)所示，尖嘴钳一端抵住弹簧卡片无开口端，另一端抵住连接节销轴，稍一用力，即可将弹簧卡片定位到销轴上的弹簧卡片槽内。拆卸时，如图 4-12(b)所示，将尖嘴钳一端抵住销轴，另一端抵住弹簧卡片开口处一侧，稍一用力，即可将弹簧卡片从销轴上的卡片槽内脱出。在安装偶数连接节时，需要注意链传动方向，如图 4-13 所示，弹簧卡片开口方向应与链传动方向相反，以免运动中受到碰撞而脱落。

(a) (b)

图 4-12 拆装连接节

(a) 安装连接节；(b) 拆卸连接节

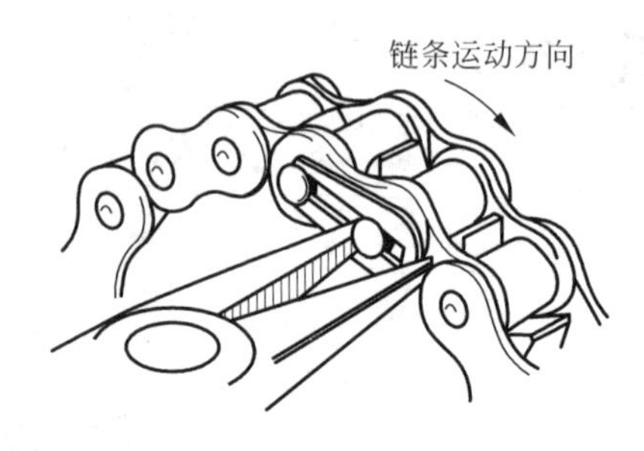

图 4-13 装配弹簧卡片

6. 张紧力调整

链条在工作过程中，由于铰链的销轴与套筒之间承受较大的比压，传动时彼此又产生相对运动，因而导致铰链磨损，使铰链的实际节距变长，从而使链条下垂度增大。当下垂度过大时，将引起啮合不良和链条振动，所以链传动张紧的目的和带传动不同，张紧力并不决定链的工作能力，而只是决定垂度的大小。

张紧的方法很多。当链传动的中心距可调时，可通过调节中心距来控制张紧程度；当中心距不能调整时，可设置张紧轮(图 4-14(a)、(b))，或在链条磨损变长后从中取掉一两个链节，以恢复原来的长度。张紧轮一般是压在松边靠近小链轮处。张紧轮可以是无齿的滚轮，张紧轮的直径应与小链轮的直径相近。此外还可以用压板或托板张紧(图 4-14(c))。

链条下垂度的检查方法如图 4-15 所示，在链条松边用直尺施压，观察其下垂量大小，通常情况下，下垂量可取 2%中心距。

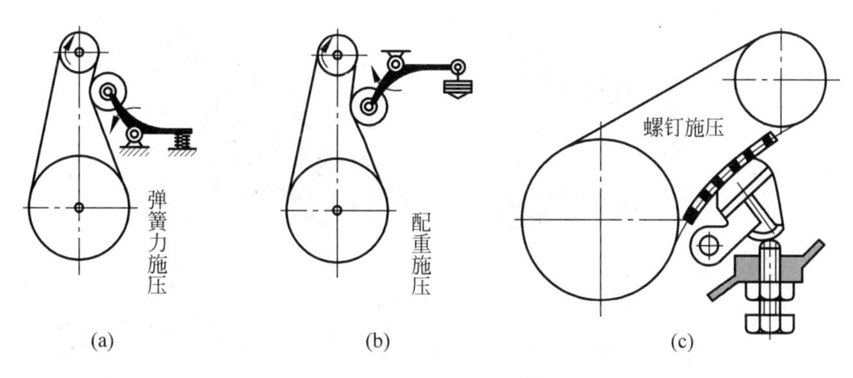

图 4-14 链条的张紧

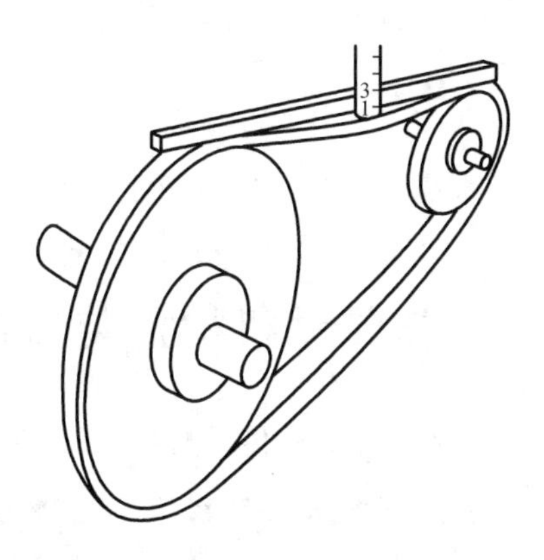

图 4-15 下垂度测量

7. 链条润滑

链传动良好的润滑将会减少磨损，缓和冲击，提高承载能力，延长使用寿命，因此链传动应合理地确定润滑方式和润滑剂种类。常用的润滑方式有以下几种。

(1) 人工定期润滑。用油壶或油刷给油，如图 4-16(a)所示，每班注油一次，适用于链速 $v \leqslant 4\text{m/s}$ 的不重要传动。

(2) 滴油润滑。用油杯通过油管向松边的内、外链板间隙处滴油，用于链速 $v \leqslant 10\text{m/s}$ 的传动，如图 4-16(b)所示。

(3) 油浴润滑。链从密封的油池中通过，链条浸油深度以 6～12mm 为宜，适用于链速 $v=6 \sim 12\text{m/s}$ 的传动，如图 4-16(c)所示。

(4) 飞溅润滑。在密封容器中，用甩油盘将油甩起，经由壳体上的集油装置将油导流到链上。甩油盘速度应大于 3m/s，浸油深度一般为 12～15mm，如图 4-16(d)所示。

(5) 压力油循环润滑。用油泵将油喷到链上，喷口应设在链条进入啮合之处，适用于链速 $v \geqslant 8\text{m/s}$ 的大功率传动。如图 4-16(e)所示，链传动常用的润滑油有 L-AN32、L-AN46、L-AN68、L-AN100 等全损耗系统用油。温度低时，黏度宜低；功率大时，黏度宜高。

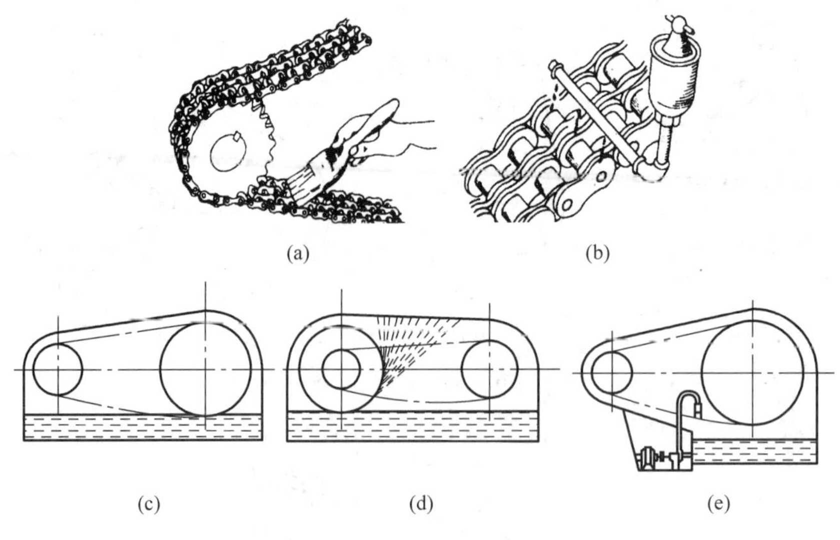

图 4-16 链传动润滑

4.2 链传动机构拆装训练

如图 4-17 所示，本节训练拆装其中的链传动机构，具体工作过程如下。

图 4-17 传动机构拆装训练装置

一、准备工作

1. 准备工用具

准备好拆装工用具：螺纹连接拆装工具套组、清洁剂、清洁布、直尺、尖嘴钳、拉拔器、手锤、铜棒、游标卡尺。

2. 整理工作场地

对装配场地进行整理，清洁装配用工件和工具，并归类放置好备用。

3. 准备劳保用品

操作人员需穿戴好 PPE(个人防护设备)：工作服、安全眼镜、安全鞋。

二、拆卸操作

(1) 切断电源,确保操作过程安全性。

(2) 在拆卸链条之前应缩小中心距,具体做法是松开轴承座紧固螺栓,用铜棒轻敲轴承座,以缩小中心距,然后用尖嘴钳按前面所述方法将连接节上的弹簧卡片取下,拆下连接节,取下链条。

(3) 拆卸轴承,轴承拆卸方法详见项目 2。

(4) 拆卸大链轮,如图 4-18 所示,大链轮是通过平锥套与轴连接,拆卸时,首先用内六角扳手将螺栓拆卸下来,然后将螺栓旋入拆卸孔中,旋紧螺栓直至锥套与链轮脱离。

图 4-18 大链轮

(5) 拆卸小链轮,如图 4-19 所示,带紧定螺钉的小链轮与轴通过键过盈连接。其拆卸方法同 3.4 节中小带轮的拆卸,此处不再赘述。

图 4-19 小链轮

三、安装操作

(1) 清洁并检查链轮、链条及配合轴径处磨损情况,确认有无变形或破损,能否继续使用。

(2) 安装小链轮,用手锤锤击铜棒的方法将小链轮装在轴上适当位置,然后将两端轴承装到轴上，用螺栓将轴承座固定在适当位置，最后用内六角螺栓紧固轴承紧定螺钉。

（3）安装大链轮，按照前面所述方法将锥套装入大链轮内，注意螺栓不要完全拧紧，然后将组合好的大链轮推入轴上适当位置，再将两端轴承装到轴上，用螺栓将轴承座安装在适当位置，注意先不要拧紧螺栓。如图 4-20 所示，用直尺按照四点一线法找正链轮，图中的大链轮轴向有偏移，应进行调整，确认无误后方可拧紧锥套螺栓，固定大链轮。

图 4-20　链轮找正

（4）安装链条，用前面所述方法将链条正确安装到链轮上，注意弹簧卡片开口方向。

（5）调整张紧力，如图 4-21 所示，对安装后的链条进行张紧力测量，链条下垂度的大小可以通过移动轴承座来改变中心距而进行调整，调整完毕后紧固轴承座螺栓。

图 4-21　张紧力测量

（6）检查链条润滑情况，如有必要进行润滑。

（7）安装完毕后，应试运行，并观察、听是否有不正常的振动或噪声。若有异常，则可能是链张紧力不合适，或链轮没有对齐，或润滑系统有问题，找出原因并调整。

四、工作结束

清理工作场地，收工具。

思　考　题

1. 常见的链传动类型有哪些？各自有何特点？
2. 传动链如何进行标记？
3. 链轮如何进行校正？
4. 链传动张紧机构有哪些？
5. 传动链张紧力如何测量与调整？
6. 传动链接头形式有哪些？如何拆装？

项目 5

齿轮传动机构的拆装与调整

能力目标

(1) 能识别各种类型的齿轮传动,明确其工作特点。
(2) 能按照"6S"操作要求,正确拆装齿轮传动机构。
(3) 能按照"6S"操作要求,测量并调整齿轮侧隙。
(4) 能按照"6S"操作要求,测量并调整齿面接触精度。

5.1 相关知识

齿轮传动是利用两齿轮的轮齿相互啮合传递动力和运动的机械传动。按齿轮轴线的相对位置分为平行轴圆柱齿轮传动、相交轴圆锥齿轮传动和交错轴螺旋齿轮传动。齿轮传动的特点是:齿轮传动平稳,传动比精确,工作可靠、效率高、寿命长,使用的功率、速度和尺寸范围大。例如传递功率可以从很小至几十瓦上千瓦;速度最高可达300m/s;齿轮直径可以从几毫米至20多米。但是制造齿轮需要有专门的设备,否则啮合传动会产生噪声。

一、常见的齿轮传动类型及特点

1. 圆柱齿轮传动

用于平行轴间的传动。一般传动比单级可到8,最大到20;两级可到45,最大到60;三级可到200,最大到300。传递功率可到10万kW,转速可到10万r/min,圆周速度可到300m/s,单级效率为0.96～0.99。直齿轮传动(图5-1)适用于中、低速传动。斜齿轮传动(图5-2)运转平稳,适用于中、高速传动。人字齿轮传动(图5-3)适用于传递大功率和大转矩的传动。圆柱齿轮传动的啮合形式有3种:外啮合齿轮传动(图5-1～图5-3),由两个外齿轮相啮合,两轮的转向相反;内啮合齿轮传动(图5-4),由一个内齿轮和一个小的外齿轮相啮合，两轮的转向相同；齿轮齿条传动(图 5-5)，可将齿轮的转动变为齿条的直线移动，或者相反。

图 5-1 直齿轮传动

图 5-2 斜齿轮传动

图 5-3 人字齿轮传动

图 5-4 内啮合齿轮传动

图 5-5 齿轮齿条传动

图 5-6 直齿锥齿轮传动

2. 锥齿轮传动

用于相交轴间的传动。单级传动比可到 6，最大到 8，传动效率一般为 0.94～0.98。直齿锥齿轮传动(图 5-6)传递功率可到 370kW，圆周速度 5m/s。斜齿锥齿轮传动(图 5-7)运转平稳，齿轮承载能力较强，但制造较难，应用较少。曲线齿锥齿轮传动(图 5-8)运转平稳，传递功率可到 3700kW，圆周速度可到 40m/s 以上。

图 5-7 斜齿锥齿轮传动

图 5-8 曲线齿锥齿轮传动

3. 双曲面齿轮传动

如图 5-9 所示，双曲面齿轮传动用于交错轴间的传动。单级传动比可到 10，最大到 100，传递功率可到 750kW，传动效率一般为 0.9～0.98，圆周速度可到 30m/s。由于有轴线偏置距，可以避免小齿轮悬臂安装，因此被广泛应用于汽车和拖拉机的传动中。

4. 蜗杆传动

如图 5-10 所示，蜗杆传动是交错轴传动的主要形式，轴线交错角一般为 90°。蜗杆传动可获得很大的传动比，通常单级为 8～80，用于传递运动时可达 1500；传递功率可达 4500kW；蜗杆的转速可到 30000r/min；圆周速度可到 70m/s。蜗杆传动工作平稳，传动比准确，可以自锁，但自锁时传动效率低于 0.5。蜗杆传动齿面间滑动较大，发热量较多，传动效率低，通常为 0.45～0.97。

图 5-9 双曲面齿轮传动

图 5-10 蜗轮蜗杆传动

5. 行星齿轮传动

行星齿轮传动是由一个或一个以上齿轮的轴线绕另一齿轮的固定轴线回转的齿轮传动(图 5-11)。行星齿轮既绕自身的轴线回转，又随行星架绕固定轴线回转。太阳轮、行星架和内齿轮都可绕共同的固定轴线回转，并可与其他构件联结承受外加力矩，它们是这种轮系的3个基本件。三者如果都不固定，确定机构运动时需要给出两个构件的角速度，这种传动称差动轮系；如果固定内齿轮或太阳轮，则称行星轮系。通常这两种轮系都称行星齿轮传动。行星齿轮传动的主要特点是体积小，承载能力大，工作平稳；但大功率高速行星齿轮传动结构较复杂，要求制造精度高。行星齿轮传动中有些类型效率高，但传动比不大。另一些类型则传动比可以很大，但效率较低，用它们作减速器时，其效率随传动比的增大而减小；作增速器时则有可能产生自锁。

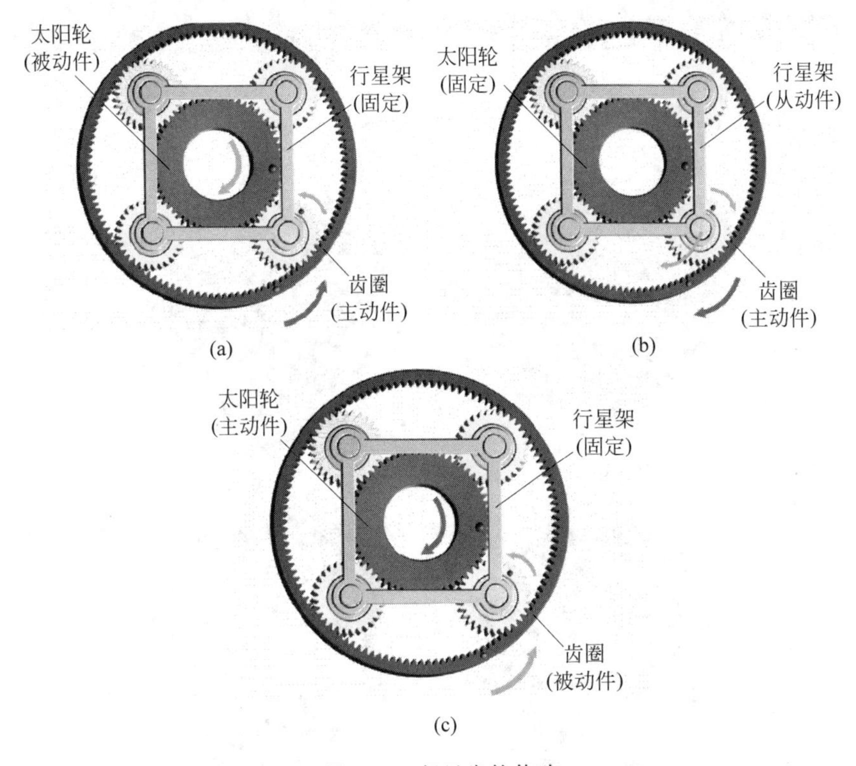

图5-11 行星齿轮传动

(a) 齿圈为主动件，行星架固定的行星齿轮传动；
(b) 齿圈为主动件，太阳轮固定的行星齿轮传动；
(c) 太阳轮为主动件，行星架固定的行星齿轮传动

二、齿轮的结构

对于直径很小的钢制齿轮，当为圆柱齿轮时，若齿根与键槽底部的距离$\delta<2.5m_t$(m_t为端面模数)；当为锥齿轮时，按齿轮小端尺寸计算而得的$\delta<1.6m$(m为模数)时，均应将齿轮和轴做成一体，叫做齿轮轴，如图5-12所示。若δ值超过上述尺寸时，齿轮与轴以分开制造较为合理。

如齿轮顶圆直径$d_a\leqslant160$mm时，可做成实心结构的齿轮，如图5-13(a)所示。如齿轮顶圆直径$d_a<500$mm时，可做成腹板结构的齿轮，如图5-13(b)所示。腹板上开孔的数目按结构尺寸大小及需要而定。齿顶圆直径$d_a>300$mm的铸造圆锥齿轮，可做成带加强肋的腹板式结构，如图5-13(c)所示，其他结构尺寸与腹板式相同。当齿顶直径

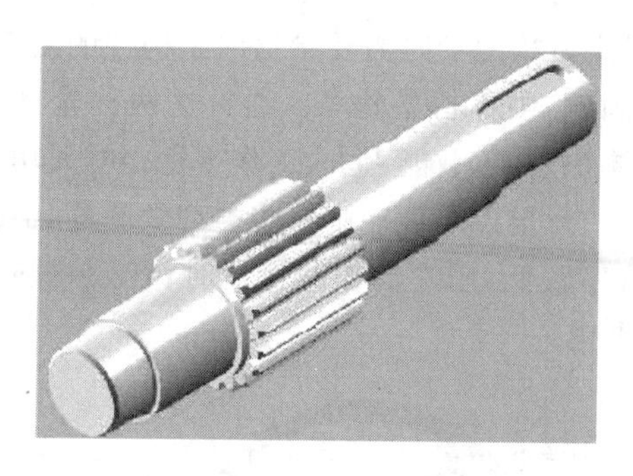

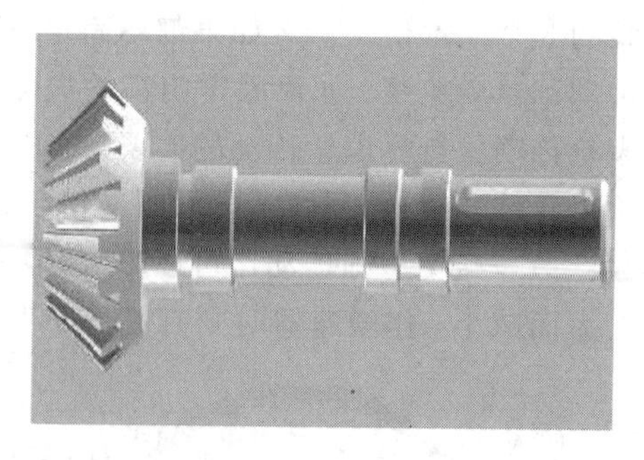

图 5-12　齿轮轴

图 5-13　齿轮结构

(a) 实心式齿轮；(b) 腹板式齿轮；(c) 带肋板腹板式齿轮；(d) 轮辐式齿轮

400mm$<d_a<$1000mm 时，可做成轮辐截面为“十”字形的轮辐式结构的齿轮，如图 5-13(d)所示。为了节约贵重金属，对于尺寸较大的圆柱齿轮，可做成组装齿圈式的结构。齿圈用钢制成，而轮芯则用铸铁或铸钢。

三、圆柱齿轮装配要点

1. 齿轮与轴的连接

(1) 平键连接

常用于具有过盈配合的齿轮的连接，是最常用的一种齿轮与轴的连接方式，如图 5-14 所示。过盈连接可以采用项目 2 所述的轴承拆装方法进行拆装。

(2) 花键连接

通常这种连接是没有过盈的，因而被连接零件需要轴向固定，如图 5-15 所示。花键连接承载能力高，对中性好，但制造成本高，需用专用刀具加工。

图 5-14　平键连接

图 5-15　花键连接

(3) 过盈连接

过盈连接(也称作无键连接)能使轴和齿轮具有最好的对中性，特别是在经常出现冲击载荷情况下，这种连接能可靠地工作，在风力发电齿轮箱中得到广泛的应用。利用零件间的过盈配合形成的连接，其配合表面为圆柱面或圆锥面(锥度可取 1∶30～1∶8)。圆锥面过盈连接多用于载荷较大，需多次装拆的场合。

(4) 胀紧套连接

胀紧套安装于轴与构件之间，利用斜坡(锥面)原理，通过螺栓轴向紧固，使得胀紧套的内侧向内胀紧，外侧向外胀紧，最终实现构件与轴之间的动力传动连接。胀紧套连接装卸方便，使用可靠，寿命长，免维护，传动无间隙，是替代键连接的最佳选择。图 5-16 所示为较常用的几种胀紧套连接。

胀紧套的拆装操作要点如下。

① 开包装，妥善保管产品合格证之类产品检验合格凭证。

② 产品在出厂前已做好了安装准备，所以首次安装前不必拆开。

注意：*每套产品都有着唯一性，即使同型号的产品的内外环，也是严禁互换的。*

③ 用清洗液或丙酮彻底擦净轴上和联轴器孔内的油脂。

④ 产品装进轴之前切记不要拧紧产品上的紧定螺栓，必要时可将紧定螺栓拧出两条，对称拧入退卸螺栓孔内，将内外环顶开。

⑤ 将轴小心插入产品中，人工将其装配结合面对正，内环和外齿圈有 3～5mm 的相对位移量，在螺栓拧紧前，预先考虑移动量。一般情况下内环不会移动，外环向上紧方向移动，注意保持内外环端面等距。

⑥ 安装时，使用测力扳手拧紧螺栓，拧紧的方法是每条螺栓每次拧到额定力矩的 1/4，拧紧的次序以开缝处为界，左右交叉对称依次先后拧紧，确保达到额定力矩值后，再顺时针依次拧紧，直到每个螺栓都达到额定力矩值(表 5-1)，全部螺栓完全拧紧需要几个循环。

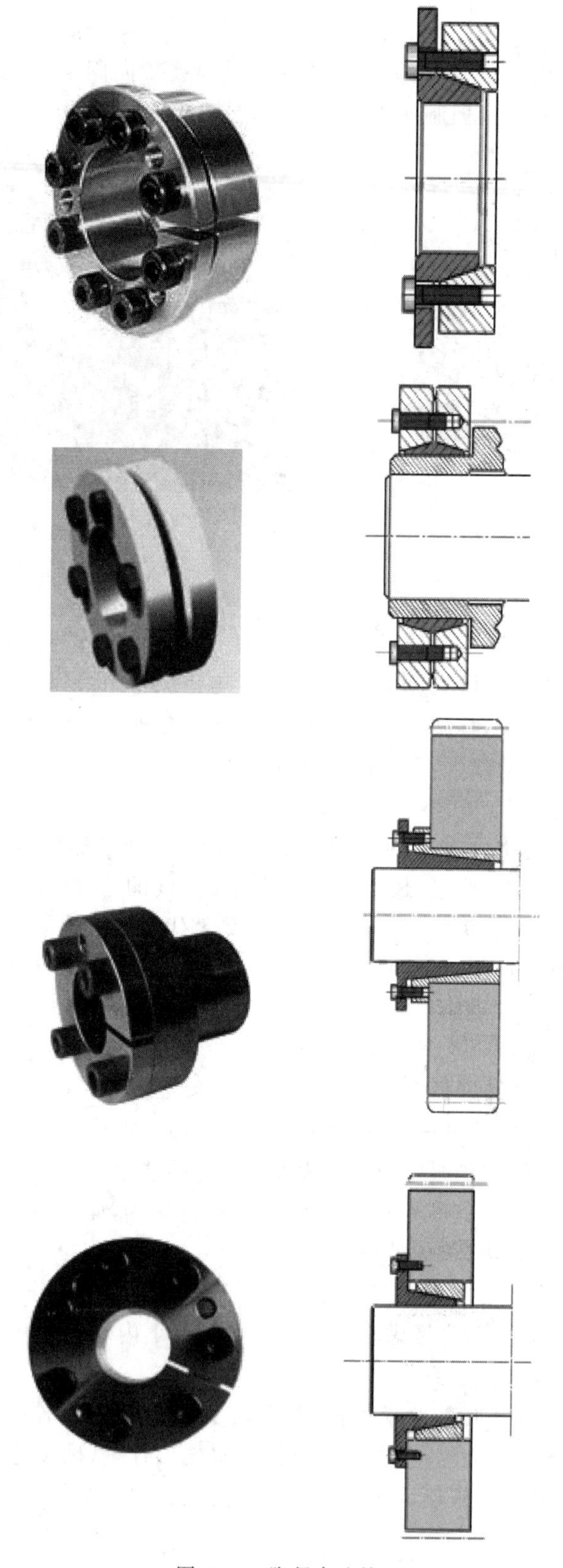

图 5-16 胀紧套连接

⑦ 拆卸时先将全部螺栓拧出，然后拧入拆卸孔内，顶开内外环。

表 5-1　胀紧套螺栓拧紧力矩

螺栓	扳手长度(mm)	螺栓拧紧力矩(N·m)	
		安装力矩	拆卸力矩
M8	150	29	35
M10	240	58	70
M12	340	100	121
M14	500	160	193
M16	730	240	295
M20	1250	470	570
M24	1800	820	980
M27	2200	1210	1450

2. 齿轮旋转精度的检测

齿轮在轴上装好后，对精度要求高，应检查齿轮径向跳动量和端面跳动量，检查方法如图 5-17 所示。以被测齿轮回转轴线为基准，将测头(可选择球形或锥形)依次与齿轮各齿槽齿高中部双面接触，测头相对于齿轮回转基准轴线的最大径向变动量即为齿轮径向跳动量。端面百分表的最大与最小读数之差即为齿轮端面跳动量。

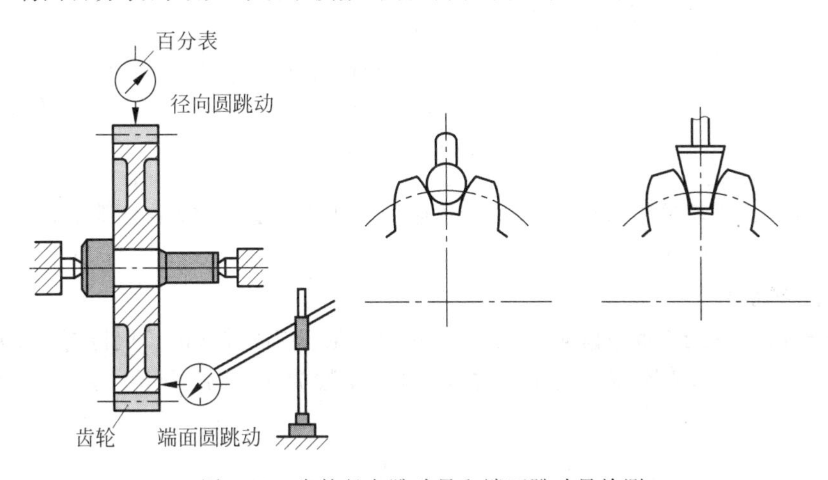

图 5-17　齿轮径向跳动量和端面跳动量检测

3. 齿侧间隙的检验

齿侧间隙指齿轮副非工作表面法线方向的距离。侧隙过小，齿轮传动不灵活，热胀时易卡齿，加剧磨损；侧隙过大，则易产生冲击、振动。常用的检测方法有 3 种。

(1) 塞尺法

直接用塞尺测量齿侧间隙大小，如图 5-18 所示。

(2) 压铅丝法

压铅丝法是在齿宽的两端的齿面上，平行放置 2～4 条铅丝，铅丝直径不宜超过最小

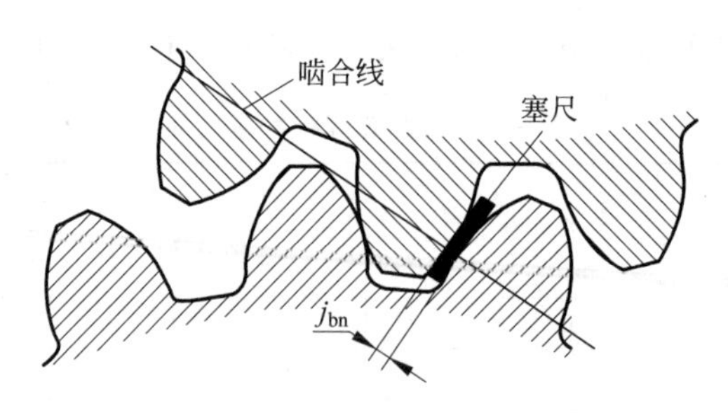

图 5-18 用塞尺测量侧隙

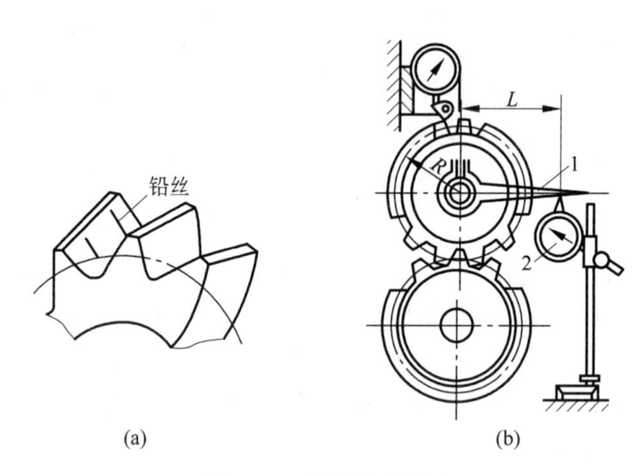

图 5-19 齿轮侧隙检测
(a) 压铅丝法；(b) 打表法
1—夹紧杆；2—百分表

间隙的 4 倍，转动齿轮挤压铅丝，铅丝被挤压后最薄处的厚度尺寸即为侧隙值，如图 5-19(a)所示。

(3) 打表法

如图 5-19(b)所示，将一齿轮固定，另一齿轮上装一固定杆(由于侧隙存在，夹紧杆便可以摆动一定角度)，百分表测量固定杆的摆动读数为 j，然后按下列公式计算出齿侧隙 j_n。

$$j_n = j\frac{R}{L}$$

式中：R——齿轮的分度圆半径，mm；

L——百分表触头至齿轮回转轴线的距离，mm。

也可以将表头直接顶在非固定齿轮的齿面上，迅速使轮齿从一侧啮合转向另一侧啮合，表上的读数差值即为侧隙值。

4. 齿面接触精度检查

接触精度主要指标是接触斑点，检验时将红丹粉涂于大齿轮齿面上，使两啮合齿轮进行空转，然后检查接触斑点情况。转动齿轮时，被动轮应轻微制动，对双向工作的齿轮，正反两个方向都应检验。齿轮上接触印痕的面积大小，应根据精度要求而定。一般传动齿轮在齿廓的高度上接触斑点不少于30%～50%，在齿廓的宽度上不少于40%～70%，其位置应在节圆处上下对称分布。

影响接触精度的主要因素是齿形制造精度及安装精度。接触位置正确但接触面积太小，通常是由于齿形误差太大所致，应在齿面上加研磨剂并使两齿轮转动进行研磨，以增加接触面积。齿形正确而安装有误差造成接触不良的原因及调整方法如表5-2所示。

表5-2 渐开线圆柱齿轮由安装造成接触不良的原因及调整方法

接触斑点	原因分析	调整方法
正常接触		
	中心距太大	可在中心距允差范围内，刮削轴瓦或调整轴承座
	中心距太小	
同向偏接触	两齿轮轴线不平行	
异向偏接触	两齿轮轴线歪斜	
单面偏接触	两齿轮轴线不平行，同时歪斜	
游离接触 (在整个齿圈上接触区由一边逐渐导至另一边)	齿轮端面与回转中心线不垂直	检查并校正齿轮端面与回转中心线垂直度
不规则接触(有时齿面一个点接触，有时在端面边线上接触)	齿面有毛刺或有碰伤隆起	去除毛刺，修整

四、圆锥齿轮装配要点

装配圆锥齿轮传动机构与装配圆柱齿轮传动机构的顺序相似。圆锥齿轮传动机构装配的关键是正确确定两圆锥齿轮轴向位置和啮合质量的检测与调整。

1. 两圆锥齿轮轴向位置的确定

当一对标准的圆锥齿轮传动时，必须使两齿轮分度圆锥相切，锥顶重合，装配时据此来确定小齿轮的轴向位置，即小齿轮轴向位置按安装距离（小齿轮基准面至大齿轮轴的距离，如图 5-20 所示）来确定。如此时大齿轮尚未装好，可用工艺轴代替，然后按侧隙要求决定大齿轮轴向位置。

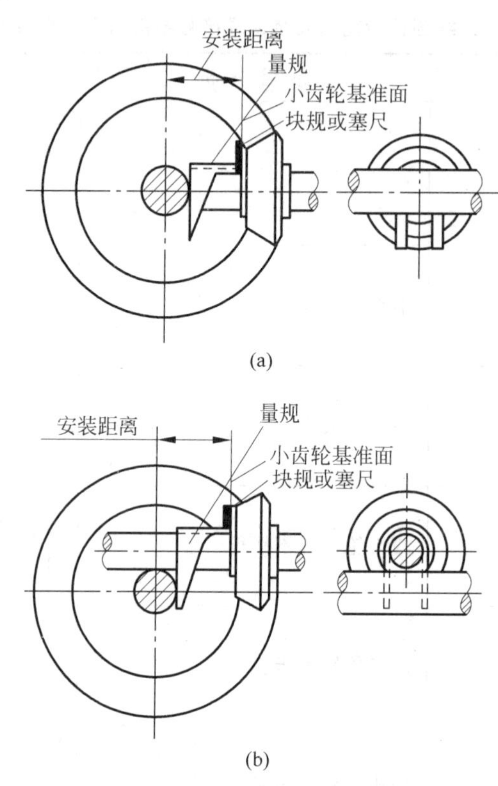

图 5-20 小圆锥齿轮轴向定位
(a) 正交圆锥齿轮；(b) 偏置圆锥齿轮

如用背锥面作基准的圆锥齿轮，装配时将背锥面对齐对平，就可以保证两齿轮的正确装配位置。

圆锥齿轮轴向位置确定后，一般采用改变调整垫片厚度或改变固定套圈的位置等方法进行固定，如图 5-21 所示。

2. 圆锥齿轮啮合质量的检验

啮合质量的检验包括齿侧间隙的检验和接触斑点的检验。

(1) 齿侧间隙的检验方法与圆柱齿轮基本相同。

(2) 接触斑点检验。一般用涂色法检验。在

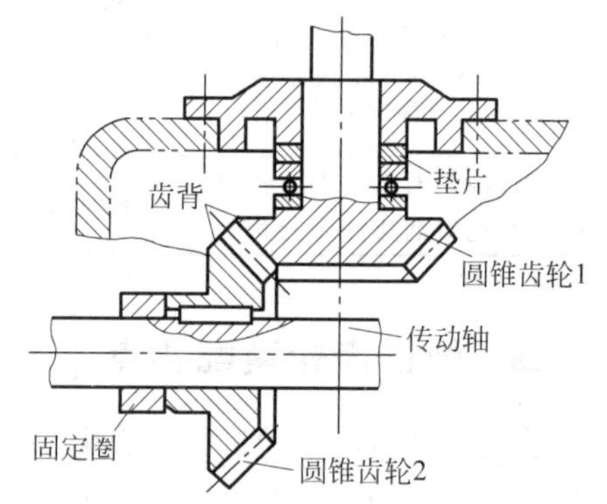

图 5-21 圆锥齿轮传动机构的装配调整

无载荷时，接触斑点应靠近轮齿小端；满载时，接触斑点在齿高和齿宽方向应不少于40%～60%(随齿轮精度而定)。直齿圆锥齿轮涂色检查时的各种误差情况及调整方法如表5-3所示。

表5-3　直齿圆锥齿轮接触斑点状况分析及调整方法

接触斑点	接触状况原因及分析	调整方法
 正常接触(中部偏小端接触)	在轻微负荷下，接触区在齿宽中部，略宽于齿宽的一半，稍近于小端，在小齿轮齿面上较高，大齿轮齿面上较低，但都不到齿顶	
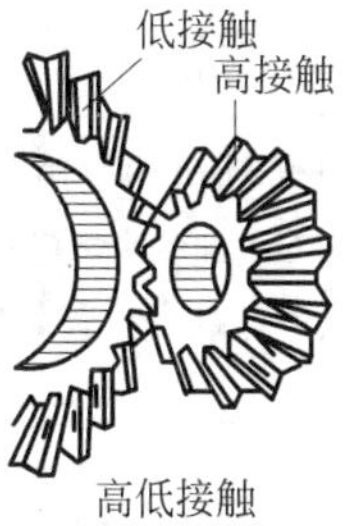 低接触 高接触 高低接触	小齿轮接触区太高，大齿轮太低。由小齿轮轴向定位误差所致	小齿轮沿轴向移出；如侧隙过大，可将大齿轮沿轴向移进
	小齿轮接触区太低，大齿轮太高。原因同上，但误差方向相反	小齿轮沿轴向移进；如侧隙过小，则将大齿轮沿轴向移出
	在同一齿的一侧接触区高，另一侧低。如小齿轮定位正确且侧隙正常，则为加工不良所致	装配无法调整，需调换零件。若只作单向传动，可按以上两种方法调整
 小端接触 同向偏接触	两齿轮的齿两侧同在小端接触。由轴线交角太大所致	不能用一般方法调整，必要时修刮轴瓦
	同在大端接触。由轴线交角太小所致	
 大端接触 小端接触	大小齿轮在齿的一侧接触于大端，另一侧接触于小端。由两轴心线偏移所致	应检查零件加工误差，必要时修刮轴瓦

五、蜗轮蜗杆副装配要点

装配蜗杆传动机构与装配圆柱齿轮传动机构的顺序相似。蜗杆传动机构装配的关键是正确确定蜗轮的轴向位置、啮合质量的检测与调整。

1. 齿侧间隙的检验

(1) 一般用百分表测量,如图 5-22(a)所示,固定蜗轮,在蜗杆轴上固定一带量角器的刻度盘 2,百分表测头抵在蜗轮齿面上,用手转动蜗杆,在百分表指针不动的条件下,用刻度盘相对固定指针 1 的最大转角算出侧隙大小。如用百分表直接与蜗轮齿面接触有困难时,可在轮轴上装一测量杆 3,如图 5-22(b)所示。侧隙与转角的换算关系为

$$c_{\mathrm{h}} = z_1 \pi m \frac{\alpha}{360}$$

式中:c_{h}——侧隙,mm;

z_1——蜗杆线数;

m——模数;

α——空程转角,°。

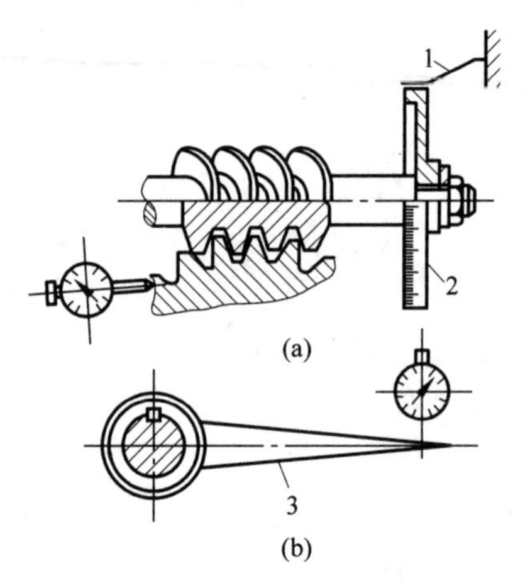

图 5-22 蜗杆传动机构侧隙检验

(a) 直接测量法;(b) 加装测量杆测量法

1—指针;2—刻度盘;3—测量杆

(2) 对于不重要的蜗杆机构,也可以用手转动蜗杆,根据空程量的大小判断侧隙的大小。

(3) 灵活性检查。装配后的蜗杆传动机构,还要检查它的转动灵活性。蜗轮在任何位置上,用手旋转蜗杆所需的扭矩均应相同,转动灵活,没有咬住现象。

2. 蜗轮的轴向位置及接触斑点的检验

用涂色法检验,将红丹粉涂在蜗杆的螺旋面上,并转动蜗杆,可在蜗轮上获得接触斑点,各种误差情况及调整方法如表 5-4 所示。

表 5-4 蜗轮接触斑点状况分析及调整方法

接触斑点	接触状况原因及分析	调整方法
	正常接触,其接触斑点应在蜗轮轮齿中部稍偏于蜗杆旋出方向。接触斑点长度,轻载时为齿宽的 25%～50%,满载时为齿宽的 90%左右	
	蜗轮轴向位置不对,偏右	配磨垫片来调整蜗轮的轴向位置

续表

接 触 斑 点	接触状况原因及分析	调 整 方 法
	蜗轮轴向位置不对,偏左	配磨垫片来调整蜗轮的轴向位置

5.2　减速器拆装训练

如图 5-23 所示,本节训练拆装二级圆柱齿轮减速器,具体工作过程如下。

图 5-23　传动机构拆装训练装置

一、准备工作

1. 准备工用具

仔细阅读减速器装配图,明确各组件间装配关系,确定需要的装拆工具:螺纹连接拆装工具套组、清洁剂、清洁布、拉拔器、手锤、冲击套筒组件、游标卡尺。

2. 整理工作场地

对装配场地进行整理,清洁装配用工件和工具,并归类放置好备用。

3. 准备劳保用品

操作人员需穿戴好 PPE(个人防护设备):工作服、安全眼镜、安全鞋。

二、拆卸操作

(1) 如图 5-24 所示,通过游标尺观察减速器内油位,然后拆下减速器顶端排气阀和底端油塞，如图 5-25 和图 5-26 所示，将减速器内润滑油放空。

图 5-24 观察油位

图 5-25 拆卸油塞

图 5-26 拆卸排气阀

图 5-27 拆卸轴承盖

(2) 拆卸箱盖。

① 如图 5-27 所示，拆卸轴承盖连接螺栓，取下轴承盖。

② 拆卸箱盖连接螺栓，如图 5-28 所示。

③ 如图 5-29 所示，用起盖螺钉将箱盖顶起，拆下箱盖。

(3) 如图 5-30 所示，将各轴及轴上组件从减速器底座上取出，并拆卸各轴上组件，轴上轴承和齿轮均采用拉拔器进行拆卸(拆卸方法详见项目 2)。

图 5-28 拆卸箱盖

图 5-29 用起盖螺钉拆卸箱盖

(4) 对拆卸下来的组件进行清洗并检查,检查轴承和齿轮孔轴配合面磨损情况,用游标卡尺测量其配合尺寸。

三、装配操作

(1) 采用冲击套筒将齿轮和轴承安装到轴上(安装方法详见项目2)。

(2) 用压铅丝法检查轴承侧隙,如图5-31所示,将两根铅丝分别放在齿宽两端的齿面上,滚压之后,取出铅丝,用游标卡尺测量其厚度(图5-32),判断齿侧间隙是否合适。

图5-30 减速器内部结构

图5-31 检查齿轮侧隙

(3) 检查齿面接触斑点,如图5-33所示,将红丹粉均匀涂抹到齿面上,旋转几圈之后,观察接触斑点分布情况,根据表5-2判断其分布状况是否合理。

图5-32 测量铅丝厚度

图5-33 检查齿面接触斑点

(4) 安装箱盖,首先用定位销将箱盖与底座定位,然后装上紧固螺栓,并拧紧。

(5) 安装轴承盖,如图5-34所示,检查调整垫片厚度是否能满足轴承游隙要求,如不满足则进行调整;另外,安装轴承盖时,需要注意将轴承盖上槽口对准减速器底座与箱盖配合面上的油槽,便于润滑轴承,如图5-35所示。

(6) 将油塞和排气阀重新装好(如有需要,重新加注润滑油)。

图 5-34 检查调整垫片厚度

图 5-35 轴承套槽口对准油槽

四、工作结束

清理工作场地，收工具。

5.3 带收缩盘的套装式减速器安装训练

如图 5-36 所示，本节训练安装带收缩盘的套装式减速器，具体工作过程如下。

图 5-36 减速器

一、准备工作

1. 准备工用具

仔细阅读减速器操作手册，明确减速器与轴的装配关系，确定需要的装拆工具：螺纹连接拆装工具套组、扭力扳手、清洁剂、润滑剂、清洁布、橡皮锤。

2. 整理工作场地

对装配场地进行整理，清洁装配用工件和工具，并归类放置好备用。

3. 准备劳保用品

操作人员需穿戴好 PPE(个人防护设备)：工作服、安全眼镜、安全鞋。

二、安装操作

(1) 仔细清洁空心轴的内表面以及用户轴，确保所有残留的润滑脂以及润滑油均已经全部清除掉。

(2) 安装用户轴上的锁紧环以及衬套，如图 5-37 所示。

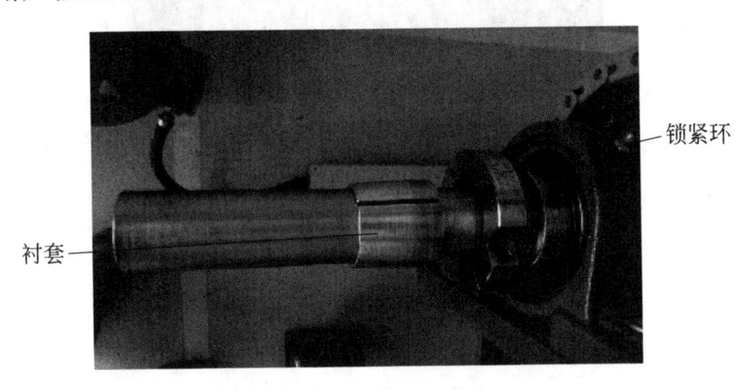

图 5-37　安装锁紧环及衬套

(3) 将专用润滑剂滴注到轴套上并小心地涂匀。

(4) 慢慢地将减速器朝向用户轴方向移动，将其空心轴套在轴上，如图 5-38 所示。

图 5-38　安装减速器

（5）预安装扭矩臂（注意不要拧紧螺栓），如图5-39所示。

图5-39 预安装扭矩臂

（6）移动轴衬套至减速器的空心轴内，如图5-40所示。

图5-40 移动轴衬套至减速器的空心轴内

（7）旋紧扭矩臂上的紧固连接螺栓，如图5-41所示。

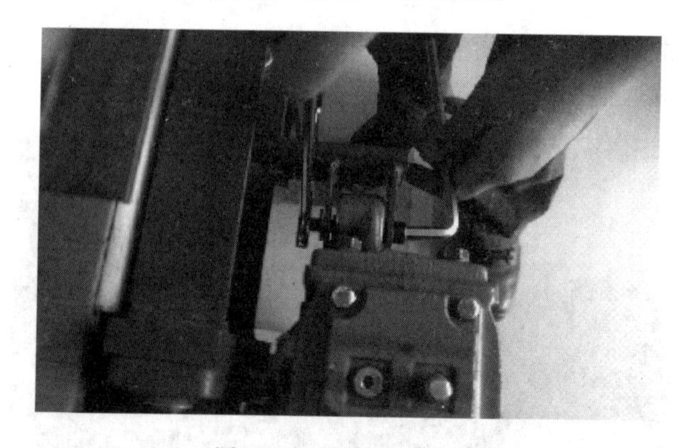

图5-41 紧固连接螺栓

（8）用锁紧环固定轴套，用扭力扳手按规定的扭矩数值（查使用手册可知此型号减速器的扭矩值为7.5N·m）对轴套上的锁紧环进行夹紧，如图5-42所示。

图 5-42 紧固锁紧环

(9) 将收缩盘滑入空心轴，应确保所有螺栓保持松脱，如图 5-43 所示。

(10) 在用户轴上移动配套的背面轴套并将其完全装入空心轴及收缩盘中，如图 5-44 所示。

图 5-43 安装收缩盘

图 5-44 安装轴套

(11) 轻轻地用橡皮锤敲击轴套的端平面，使轴套紧密地装入空心轴内，如图 5-45 所示。

图 5-45 紧固轴套

(12) 用手旋紧连接螺栓且确保收缩盘的两环形垫片保持平行，然后使用工具依次序逐圈旋紧锁紧螺栓(每次最大扭紧角为60°)。锁紧时采用规定的扭矩值(查使用手册可知扭矩值为6.8N·m)，如图5-46所示。装配好后，各收缩盘外环之间的间距必须>0mm。

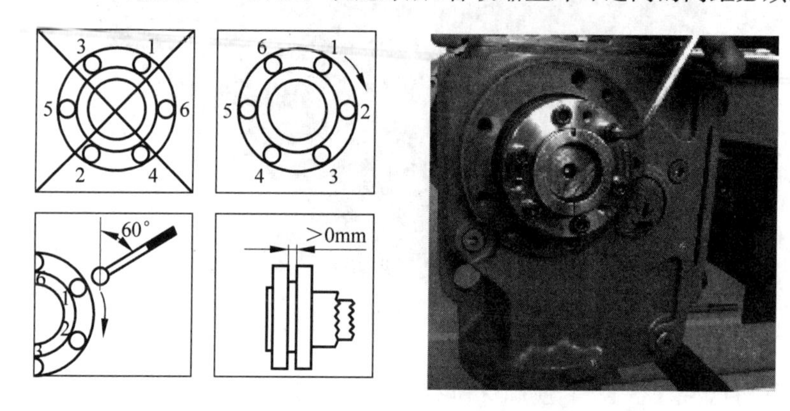

图5-46 紧固收缩盘连接螺栓

(13) 确认背面轴套与空心轴轴端以及轴套与锁紧环之间的间距(查使用手册可知该间距的最大值为5.6mm，最小值为3.3mm)，如图5-47所示。

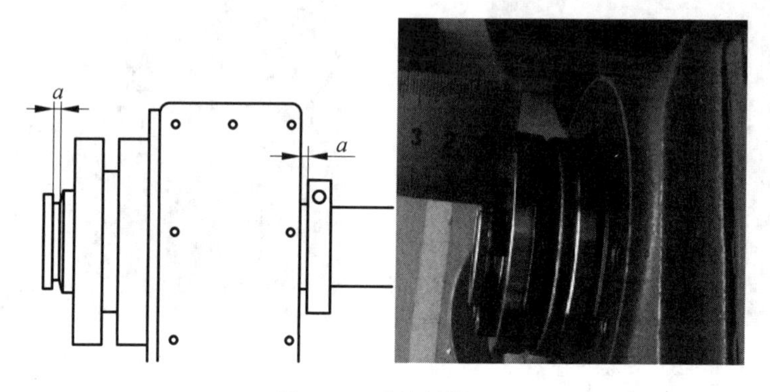

图5-47 确认间距 a

(14) 安装防护罩，如图5-48所示。

图5-48 安装防护罩

三、工作结束

清理工作场地,收工具。

思 考 题

1. 常见齿轮传动类型有哪些？分别应用于哪些场合？
2. 齿轮与轴的连接方式有哪些？
3. 胀紧套安装与拆卸操作要点有哪些？
4. 齿轮径向跳动量和端面跳动量如何检测？
5. 圆柱齿轮齿侧间隙如何检测？
6. 圆柱齿轮接触斑点检查方法是什么？斑点分布状况分析及调整方法有哪些？
7. 圆锥齿轮装配要点有哪些？如何保证？
8. 蜗轮蜗杆副装配要点有哪些？如何保证？

项目 6

密封件的拆装与调整

能力目标

(1) 能识别各种类型的密封件。
(2) 能按照"6S"操作要求,正确拆装密封圈。
(3) 能按照"6S"操作要求,正确拆装油封。
(4) 能按照"6S"操作要求,正确拆装密封垫片。
(5) 能按照"6S"操作要求,正确拆装密封填料。
(6) 能按照"6S"操作要求,正确拆装机械密封。

6.1 相关知识

密封件是防止流体或固体微粒从相邻结合面间泄漏以及防止外界杂质如灰尘与水分等侵入机器设备内部的零部件的材料或零件。

一、常见密封件类型

1. O形密封圈

O形密封圈是一种截面为圆形的橡胶圈,如图6-1所示。其材料主要为丁腈橡胶或氟橡胶。O形密封圈是液压与气压传动系统中使用最广泛的一种密封件。它主要用于静密封和往复运动密封。

2. 密封垫片

密封垫片是一种只要有流体的地方就使用的密封备件。密封垫片是以金属或非金属板状材质,经切割、冲压或裁剪等工艺制成,用于管道之间的密封连接,以及机器设备的机件与机件之间的密封连接。

垫片的种类繁多,按其材料和结构大致可分为三大类。

(1) 非金属垫片

有橡胶垫片、非石棉垫片、柔性石墨垫片、聚四氟乙烯垫片等类型,截

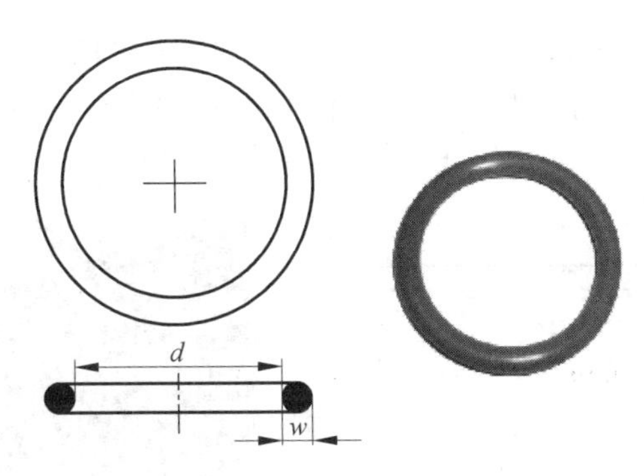

图 6-1　O 形密封圈

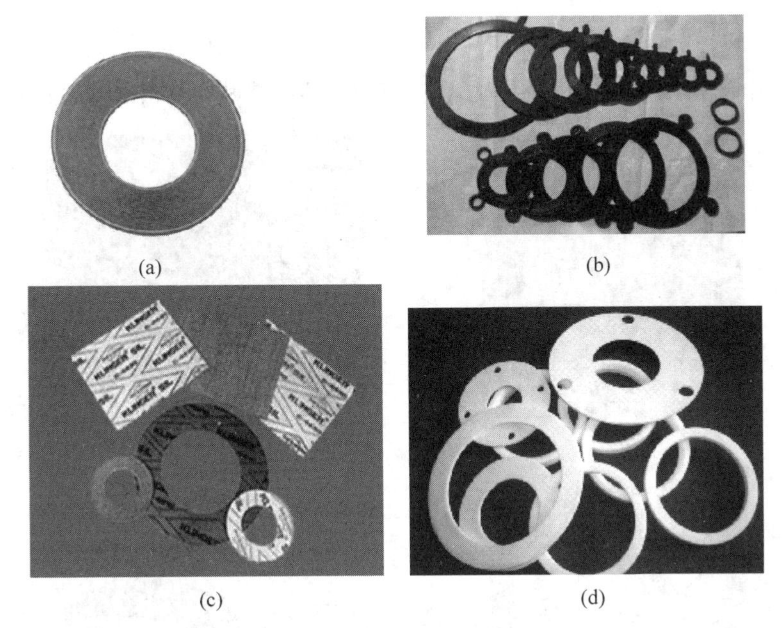

图 6-2　非金属垫片

(a) 柔性石墨垫片；(b) 橡胶垫片；(c) 非石棉垫片；(d) 聚四氟乙烯垫片

面形状皆为矩形，如图 6-2 所示。

(2) 金属复合型垫片

金属复合型垫片包括各种金属包覆垫片、金属缠绕垫片。

金属包覆垫片指内部用非金属材料（柔性石墨聚四氟乙烯、石棉橡胶板、陶瓷纤维等），外部用特定的冷作工艺包覆金属薄板的复合型垫片，如图 6-3 所示，按垫片截面通常分为平面型包覆及波纹型包覆两种，是最传统的一种复合垫片。

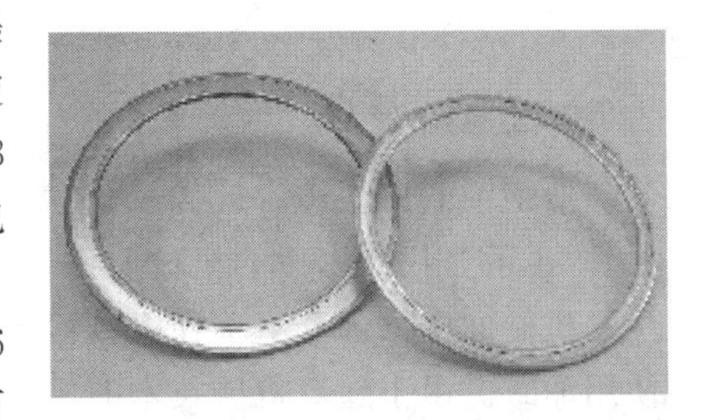

图 6-3　金属包覆垫片

金属缠绕垫片采用优质 SUS304、SUS316（"V"形或"W"形）金属带及其他合金材料与石墨、石棉、聚四氟乙烯、无石棉等软性材料相互交替重叠螺旋缠绕而成，在开始及末端用点焊方式将金属带固定，如图 6-4 所示。缠绕片垫片分 4 种形式：基本型缠绕垫片、带内环型缠绕垫片、带外环型缠绕垫片、带内外环型缠绕垫片。

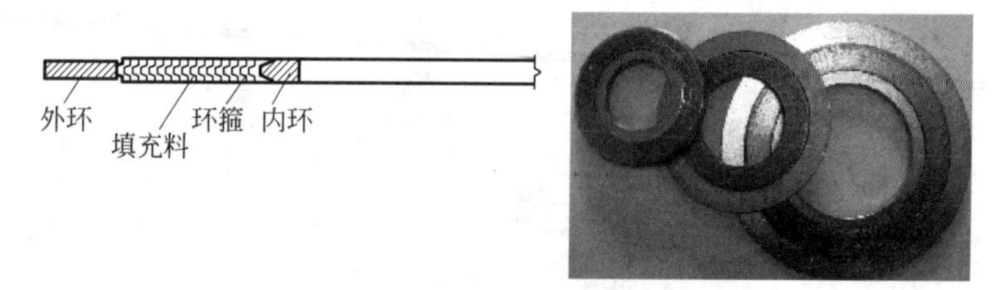

图 6-4　金属缠绕垫

（3）金属垫片

金属垫片有金属平垫片、齿形垫片、波形垫片、透镜垫片等，如图 6-5 所示。

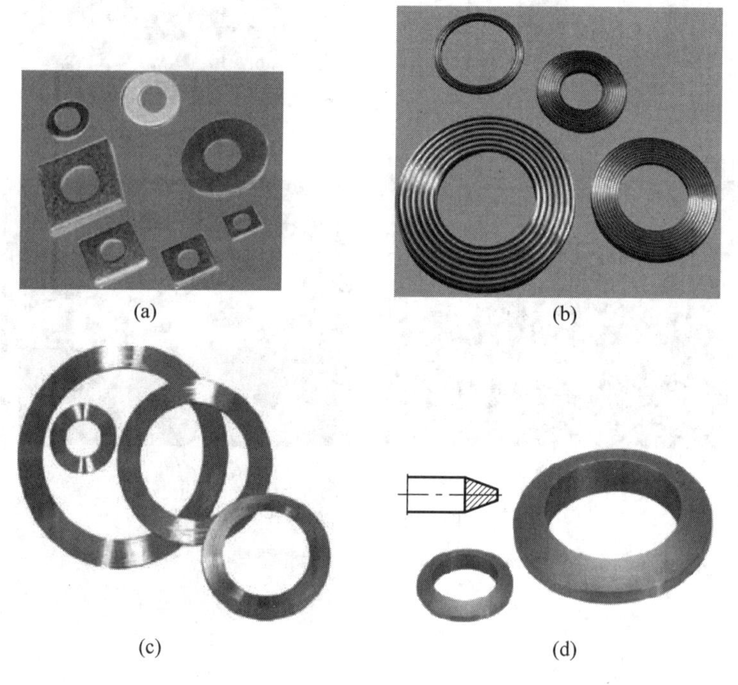

图 6-5　金属垫片

（a）金属平垫片；（b）齿形垫片；（c）波形垫片；（d）透镜垫片

3. 油封

所谓油封就是由合成橡胶、金属环和弹簧组成的防止润滑油从机器间隙泄漏的机械元件，也就是用作密封的机械元件，又称旋转轴唇形密封圈。

机械的摩擦部分由于在机械运转时有油进入，为防止这些油从机械的间隙中泄漏而使用油封。由于随着机械技术的发展，除了油以外还需要防止水与化学药液的泄漏以及尘埃及沙土从外部侵入，此时也要使用油封。

(1) 油封基本结构

油封基本结构如图 6-6 所示，其中各部分作用如表 6-1 所示。

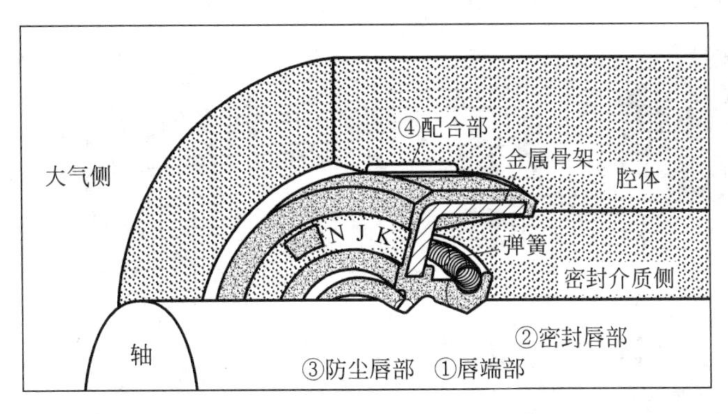

图 6-6　油封基本结构

表 6-1　油封各部位作用

序号	名称		各部位的作用
①	唇部	唇端面(滑动面)	唇端部是斜楔形状，在端部处按压轴表面，起到密封流体的作用
②		密封唇部	密封唇是柔性弹性体，是在机械的振动及密封流体的压力变动的影响下仍可保持稳定的密封作用的设计，起到保持唇部与轴表面接触状态为稳定状态的作用。另外弹簧可提高密封唇向轴的追紧力，起维持此追紧力的作用
③		防尘唇部	防尘唇是没有与弹簧连接的副唇，起防止尘埃侵入的作用
④		配合部	配合部是油封在腔体孔内固定的同时，起防止流体从油封外周面与腔体内面的接触面间泄漏及侵入的作用。另外金属骨架是当油封固定在腔体内时，起保持配合力的作用

(2) 油封类型

不同场合和设备对油封的使用要求不同，因此需要设计各种类型的油封以满足使用要求，油封种类繁多，常用的油封如表 6-2 所示。

表 6-2　油封种类

型式记号与形状	主要用途	特点
SC型	用于油且无尘场合的密封，最高压力 0.03MPa	一方有密封介质，无尘场合使用的油封
TC型	用于油且有尘场合的密封，最高压力 0.03MPa	一方有密封介质，另一方有轻微灰尘场合使用的油封

续表

型式记号与形状	主要用途	特点
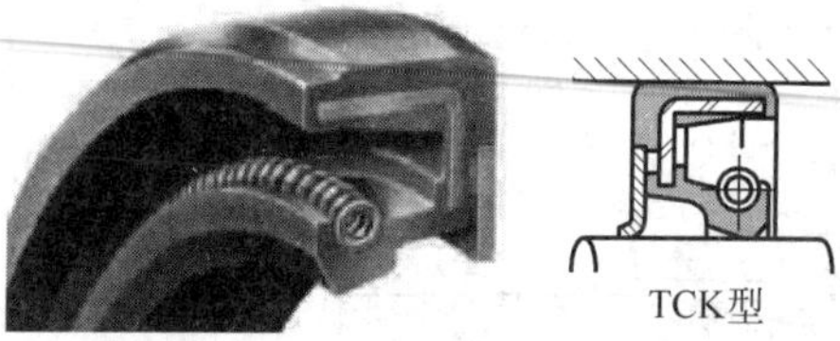 TCK型	用于油且有粉尘场合的密封。最高压力0.03MPa	和TC型、TB型使用目的相同，由于防尘唇材料使用S&H开发的特殊纤维，耐尘性、通气性、低摩擦特性优良
 VC型	润滑脂或防尘密封(有压力处不可使用)	使用润滑脂及有尘的密封，也可以和S型油封组合使用
TCV型 	润滑脂用且有尘场合的密封(有压力处不可使用)	在密封介质为润滑脂，另一方有轻微灰尘场合使用。也有使用两个V型油封的方法
TCN型 	用于油有压力场合的密封(关于压力)	唇部的受压面积小，同时保持刚性的耐压油封，在直径较小、中压下使用
 TC4型		压力下唇部变形小，骨架是整体的耐压油封，在直径较大、高压下使用
J型  TCJ型	二冲程发动机、液力变矩器、洗衣机等的密封	唇端烧结有自润滑性优良的聚四氟乙烯树脂膜的油封。适于在润滑条件差及摩擦转矩小的场合使用

续表

型式记号与形状	主 要 用 途	特 点
VAJ型	搅拌机、鼓风机、食品机械等的密封	金属骨架使用不锈钢材料，适于含粉末及黏附性强的流体等的密封
KA3J型		
 DC型 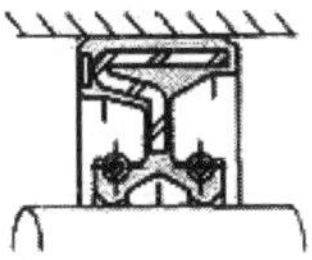	二种油的密封	由两个相反方向的密封唇对置组合而成的油封。比用两个S型背靠背组合安装的场合节省空间
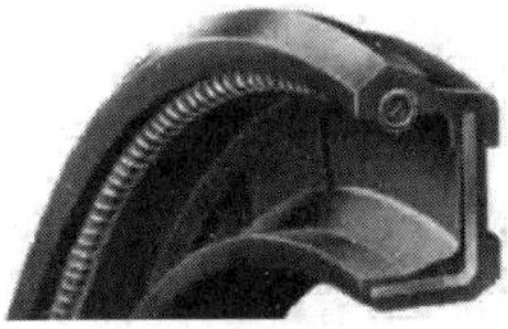 OC型 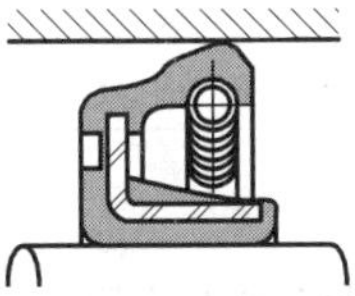	油和脂适用，腔体回转结构的密封	密封唇设置在外周的油封适用于腔体回转结构的场合
 VR型 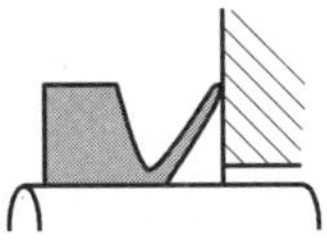	各种机械的润滑脂或防尘用密封（对轧钢机轧辊颈部的水、氧化皮等进行密封时，使用W型）	单体橡胶密封，固定内周。使用时唇在侧端面滑动

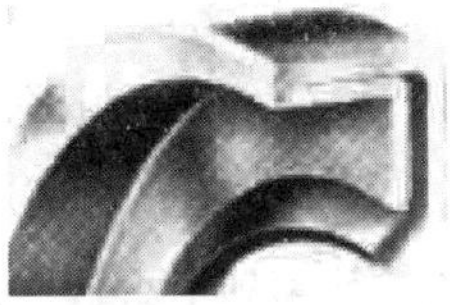

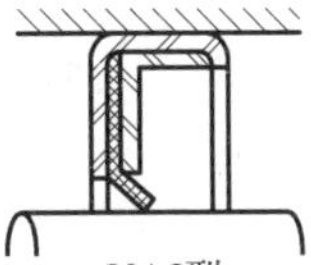

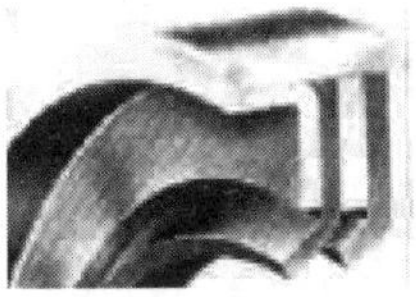

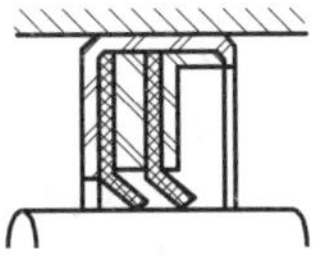

续表

型式记号与形状	主 要 用 途	特　　点
ZF型 ZT型	滚动轴承用轴承箱的油脂密封	装在滚动轴承用轴承箱的梯形沟内使用。在轻度灰尘条件下，使用ZT型
SBB型  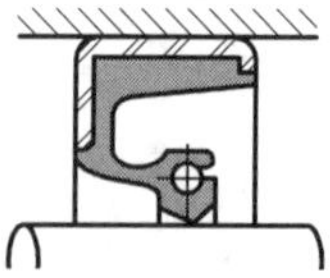	用于油、水且无尘场合的较大直径的密封（轴径>300mm)	在一方有密封介质，无尘场合使用的油封。比大直径SB型更适合在高转速条件下使用
大直径SB型 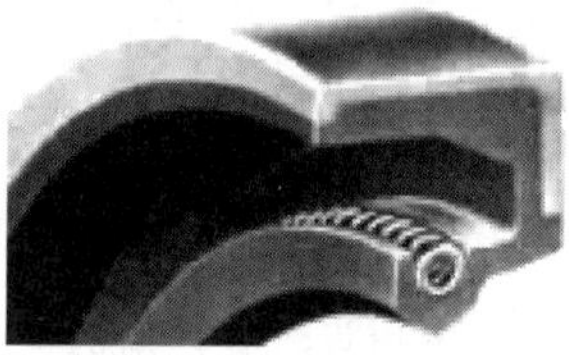 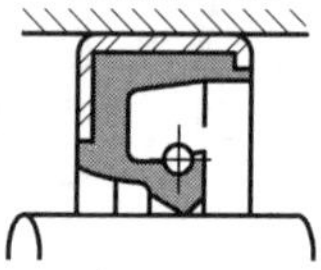	用于油、水且无尘场合的较大直径的密封（轴径>300mm)	在一方有密封介质，无尘场合使用的油封
大直径TB型 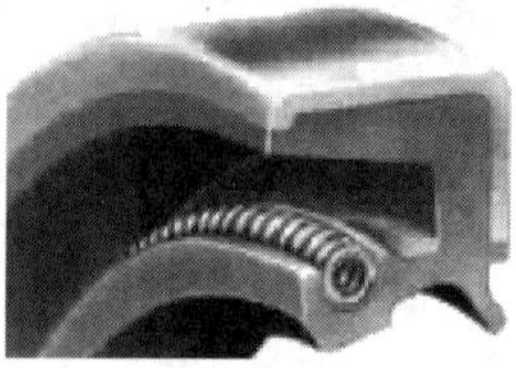 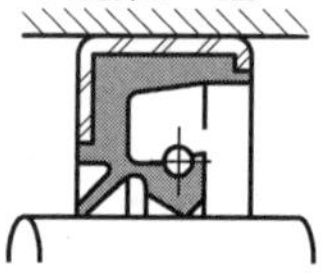	用于油、水且有尘场合的较大直径的密封（轴径>300mm)	在一方有密封介质，另一方有尘埃及沙尘等轻微的有尘场合使用的油封
MG型  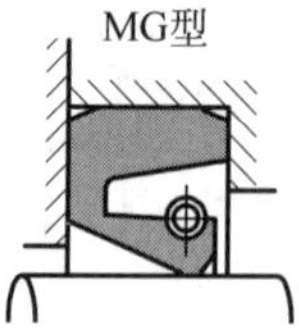	用于油、水且不能从轴端插入安装部位的油封	如果不切断就不可能在机械上装配的场合使用的油封。在唇部装有箍圈式连接的“弹簧”。另外从横向对外周压紧的密封。但由于在一处切断使用，密封性能比S型差

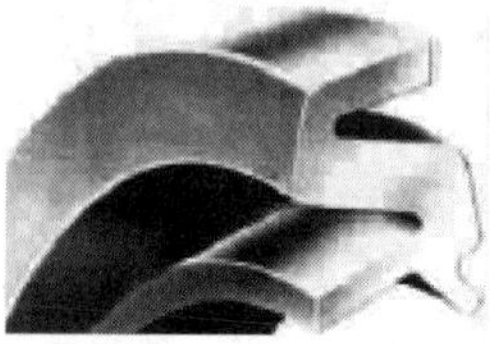

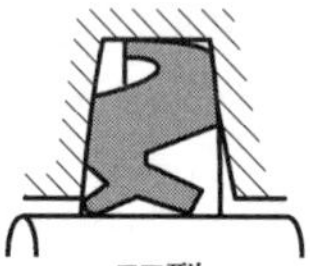

续表

型式记号与形状	主 要 用 途	特 点
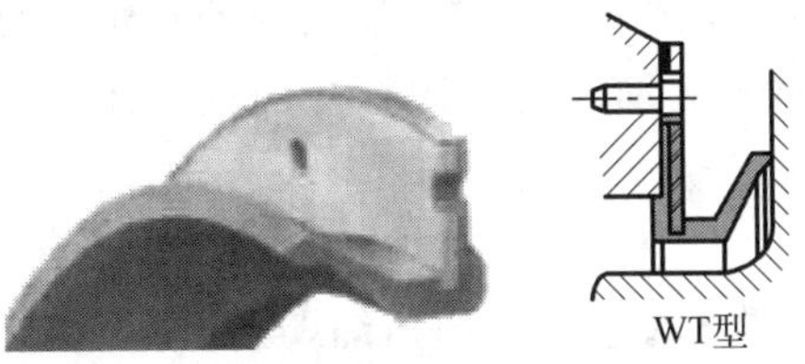 WT型	轧钢机轧辊颈部的水、氧化皮等的密封	唇在轴(轧辊)端面上滑动，可防止水及氧化皮等侵入的油封。 按安装方法可分为螺栓固定型(WT 型)与带固定型(WTT 型)
 WTT型		
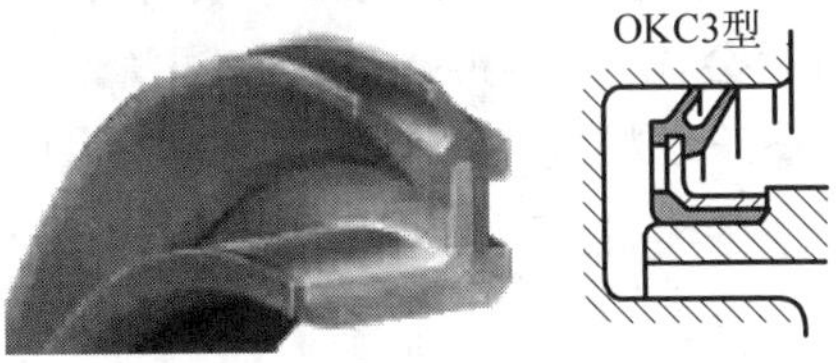 OKC3型		密封内面在腔体的配合部固定，外周唇部在轴(轧辊)内周面滑动，对水及氧化皮密封
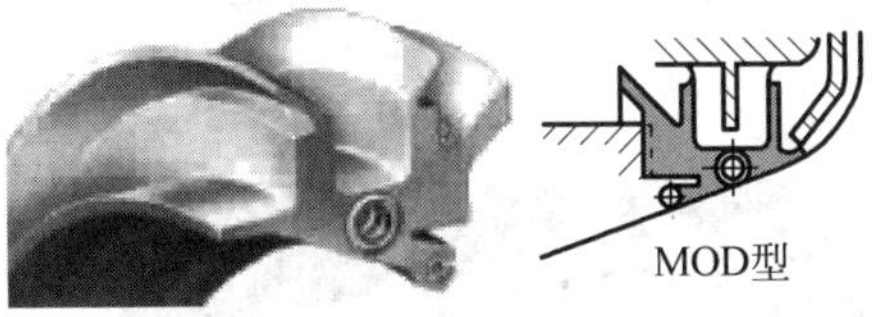 MOD型	轧钢机轧辊颈部的油及水的两种液体密封	油膜轴承(MORGOIL)用轧辊颈密封，密封内周部在轴(轧辊)上固定，腔体侧的两个唇与腔体滑动，对内部的油与外部的水密封
 MOX型		
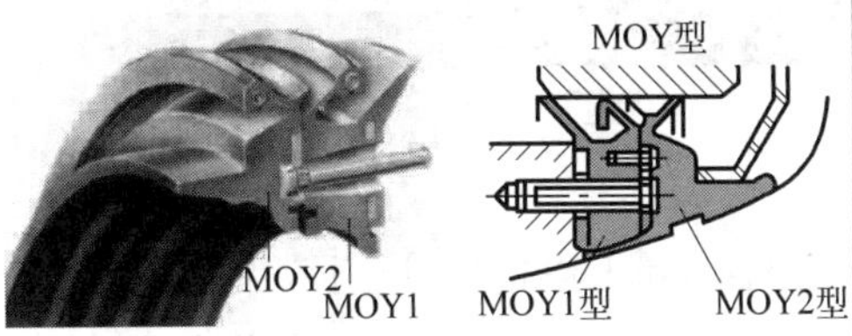 MOY型 MOY2 MOY1 MOY1型 MOY2型		油膜轴承(三菱轴承)用轧辊颈密封，密封内周部在轴(轧辊)上固定，腔体侧的外周唇滑动。 MOY1 型(油侧)与(MOY2)型(水侧)成套使用，也可以单独更换

4. 填料密封

填料密封又称为压紧填料密封，俗称盘根。填料密封主要用于机械行业中的过程机器和设备的运动部分的密封，比如离心泵、压缩机、真空泵、搅拌机、反应釜的转轴密封和往复泵、往复式压缩机的柱塞或活塞杆，以及做螺旋运动阀门的阀杆与固定机体之间的密封。

（1）密封机理

如图 6-7 所示，填料装入填料腔以后，经压盖螺丝对它作轴向压缩，当轴与填料有相对运动时，由于填料的塑性，使它产生径向力，并与轴紧密接触。与此同时，填料中浸渍的润滑剂被挤出，在接触面之间形成油膜。由于接触状态并不是特别均匀，接触部位便出现"边界润滑"状态，称为"轴承效应"；而未接触的凹部形成小油槽，有较厚的油膜，接触部位与非接触部位组成一道不规则的迷宫，起阻止液流泄漏的作用，这称为"迷宫效应"。这也就是填料密封的机理。显然，良好的密封在于维持"轴承效应"和"迷宫效应"。也就是说，要保持良好的润滑和适当的压紧。若润滑不良，或压得过紧都会使油膜中断，造成填料与轴之间出现干摩擦，最后导致烧轴和出现严重磨损。为此，需要经常对填料的压紧程度进行调整，因为填料中的润滑剂在运行一段时间后会流失，需再挤进一些润滑剂，同时补偿填料因体积变化所造成的压紧力松弛。显然，挤压填料最终将使浸渍剂枯竭，所以定期更换填料是必要的。此外，为了维持液膜和带走摩擦热，特意让填料处有少量泄漏也是必要的。

（2）盘根种类

盘根也叫密封填料，如图 6-8 所示，通常由较柔软的线状物编织而成，通过截面积是正方形的条状物填充在密封腔体内，从而实现密封。

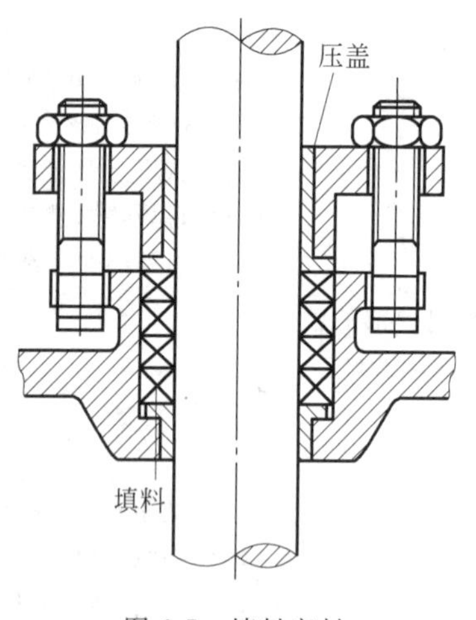

图 6-7 填料密封

图 6-8 盘根

盘根的制造材料应具备较好的化学稳定性、耐温性和不渗透性，以适应大部分工作介质。同时，盘根材料要有较好的弹性及自润滑能力，且盘根的材料应价格适当、便于制造。目前盘根主要以石墨、各种纤维为主要材料，根据不同的要求，采用碳纤维、铜丝、304、

316L、茵苛镍(Inconel)合金丝等材料加强。

5. 机械密封

(1) 密封机理

机械密封也称端面密封,其至少有一对垂直于旋转轴线的端面,该端面在流体压力及补偿机械弹力的作用下,加之辅助密封的配合,与另一端面保持贴合并相对转动,从而防止流体泄漏。

如图 6-9 所示,当轴转动时,带动了弹簧座、弹簧压板、动环等零件一起转动,由于弹簧力的作用使动环紧紧压在静环上。轴旋转时,动环与轴一起旋转,而静环则固定在座架上静止不动,这样动环与静环相接触的环形密封面阻止了介质的泄漏。

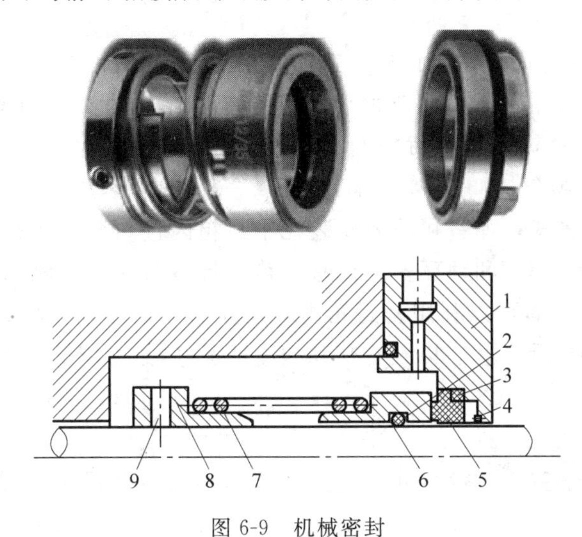

图 6-9　机械密封

1—静环座; 2—动环辅助密封圈; 3—静环辅助密封圈; 4—防转销;
5—静环; 6—动环; 7—弹簧; 8—弹簧座; 9—紧定螺钉

(2) 机械密封的组成

① 主要部件:动环和静环。动环和静环应具有较好的耐磨性、良好的导热性、孔隙率小、结构紧密的优点。动、静环是一对摩擦副,它们的硬度各不相同。一般动环的硬度比静环的硬度大。动环的材料可用铸铁、硬质合金、高合金钢等,在有腐蚀介质的条件下可用不锈钢或不锈钢表面(端面)堆焊硬质合金、陶瓷等;静环的材料可用铸铁、磷青铜、巴氏合金等,也常用浸渍石墨或填充聚四氟乙烯。

② 辅助密封件:密封圈包括 O 形、X 形、U 形、楔形、矩形柔性石墨、PTFE 包覆橡胶 O 形圈等。

③ 弹力补偿机构:弹簧、波纹管。

④ 传动件:弹簧座及键或各种螺钉。

(3) 机械密封结构分类

机械密封按结构型式分类,其基本类型有以下几种。

① 单端面和双端面。由一对密封端面组成的为单端面密封(图 6-10(a)),由两对密

封端面组成的为双端面密封(图 6-10(b))。单端面密封结构简单,制造、安装容易,一般用于介质本身润滑性好和允许微量泄漏的场合,是常用的密封型式。当介质有毒、易燃、易爆以及对泄漏量有严格要求时,不宜使用。

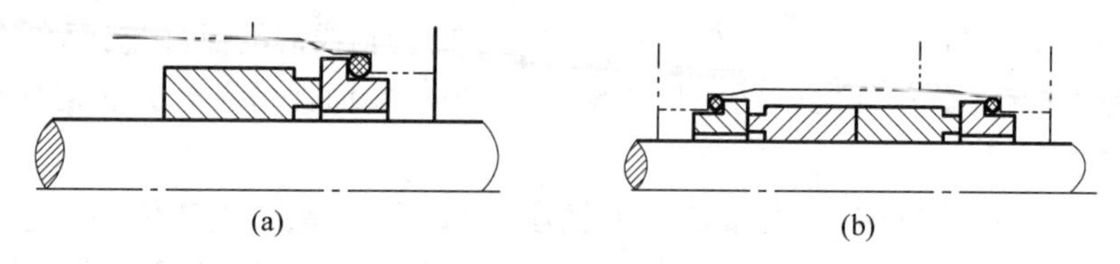

图 6-10 单端面式和双端面式机械密封

(a) 单端面式;(b) 轴向双端面式

轴向双端面密封有面对面或背靠背布置的结构,工作时需在两对端面间引入高于介质压力 0.05～0.15MPa 的封液以改善端面间的润滑及冷却条件,并把介质与外界隔离,有可能实现介质"零泄漏"。双端面密封适用于介质本身润滑性差、有毒、易燃、易爆、易挥发、含磨粒及气体等场合。

② 内置式和外置式。弹簧和动环安装在密封箱内且与介质接触的密封为内置(装)式密封(图 6-11(a));弹簧和动环安装在密封箱外且不与介质接触的密封为外置(装)式密封(图 6-11(b))。前者可以利用密封箱内介质压力来密封,机械密封的元件均处于流体介质中,密封端面的受力状态以及冷却和润滑情况好,是常用的结构型式。

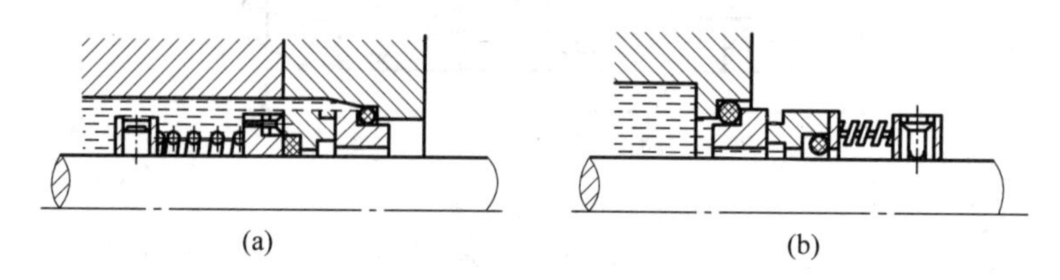

图 6-11 内置式和外置式机械密封

(a) 内置式;(b) 外置式

外置式机械密封的大部分零件不与介质接触,暴露在设备外,便于观察及维修安装。但是由于外置式结构的介质作用力与弹性元件的弹力方向相反,当介质压力有波动,而弹簧补偿量又不大时,会导致密封环不稳定甚至严重泄漏。外置式机械密封仅用于强腐蚀、高黏度和易结晶介质以及介质压力较低的场合。

③ 平衡式与非平衡式。能使介质作用在密封端面上的压力卸荷的为平衡式,不能卸荷的为非平衡式。按卸荷程度不同,前者又分为部分平衡式(部分卸荷)和过平衡式(全部卸荷)。平衡式密封(图 6-12(a))端面上所受的作用力随介质压力的升高,变化较小,因此适用于高压密封;非平衡式密封(图 6-12(b))密封端面所受的作用力随介质压力的变化较大,因此只适用于低压密封。平衡式密封能降低端面上的摩擦和磨损,减小摩擦热,承载能力大,但其结构较复杂,一般需在轴或轴套上加工出台阶,成本较高。非平衡式结构简单,广泛应用于介质压力小于 0.7MPa 时。

④ 弹簧式和波纹管式。波纹管材料有金属、聚四氟乙烯、橡胶等,分别称为液压成型

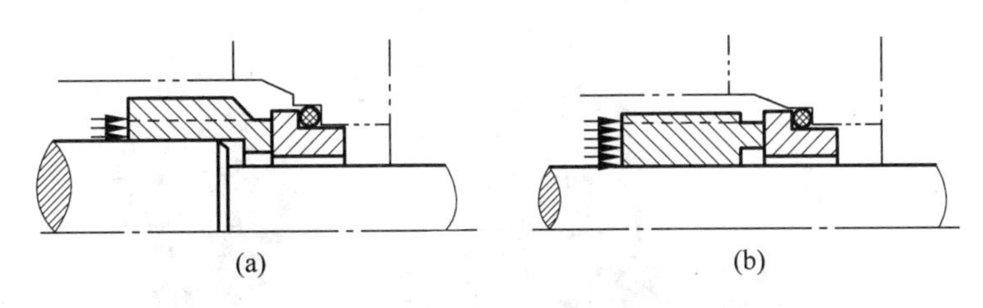

图 6-12 平衡式与非平衡式机械密封
(a) 平衡式；(b) 非平衡式

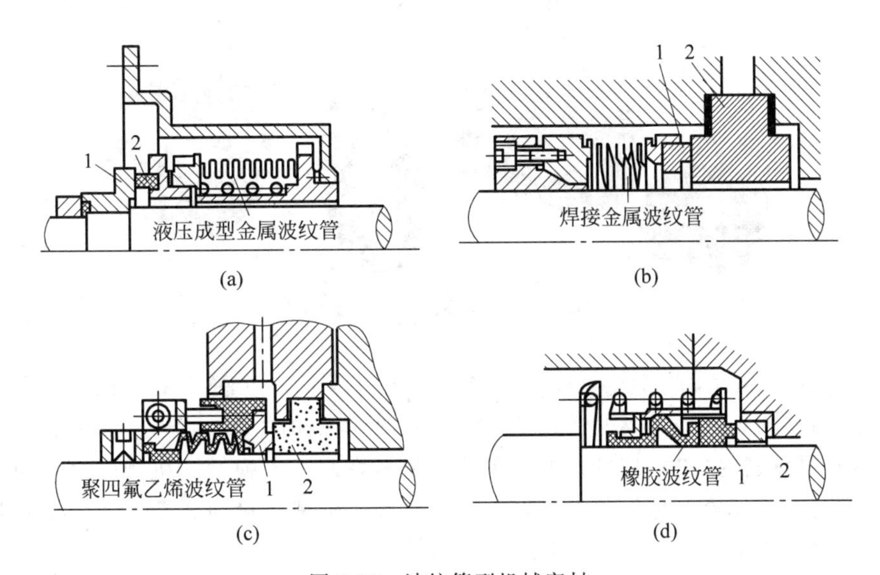

图 6-13 波纹管型机械密封
(a) 液压成型金属波纹管机械密封；(b) 焊接金属波纹管机械密封；
(c) 聚四氟乙烯波纹管机械密封；(d) 橡胶波纹管机械密封

金属(图 6-13(a))、焊接金属(图 6-13(b))、聚四氟乙烯(图 6-13(c))和橡胶波纹管(图 6-13(d))机械密封。波纹管型密封在轴上没有相对滑动，对轴无磨损，跟随性好，适用范围广。

金属波纹管、焊接金属波纹管和液压成型波纹管，其本身能代替弹性元件，耐蚀性好，可在高、低温下使用。聚四氟乙烯耐蚀性好，可用于各种腐蚀介质中。橡胶价格便宜，使用广泛，使用温度受橡胶材料的限制。

⑤ 普通两部件式和集装式。集装式机械密封是把动环、静环、弹簧、辅助密封圈、轴套、压盖静密封垫圈等 7 个主要零件组合在一起的一个集合体，也可称集装式机封，有时也称卡式密封，如图 6-14 所示。

集装式机械密封因已组装成一个集合体，相对于普通两部件式(图 6-15)在机体上安装更加方便、快捷、密封可靠，深受国内外用户的喜爱，是国内今后机械密封发展的方向。

集装式机封由于在密封生产厂清洁的环境下组装，熟练和正确的组合可保证组装质量。合理的弹簧压缩量和橡胶 O 形圈的变形量，可以保证密封的可靠性。此外，出厂前进行整体的气密性试验，更加保证了密封的可靠性。

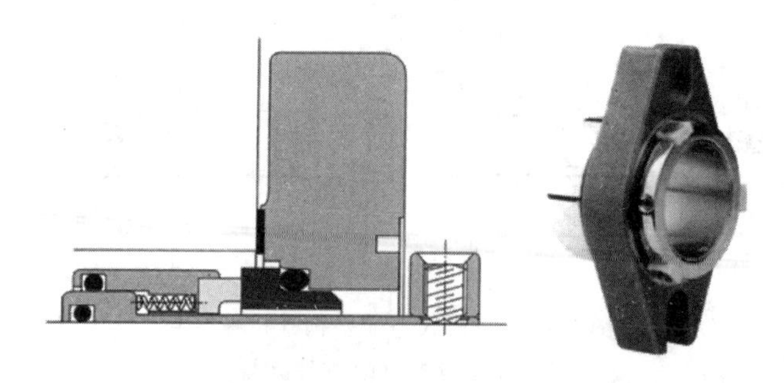

图 6-14 集装式机械密封

图 6-15 两部件式机械密封

⑥ 多(小)弹簧型和单(大)弹簧型。补偿机构中只有一个弹簧的机械密封称为单弹簧式机械密封(图 6-16(a))或大弹簧式机械密封,补偿机构中含有多个弹簧的机械密封称为多弹簧式机械密封(图 6-16(b))或小弹簧式机械密封。单弹簧式机械密封端面上的弹簧压力,尤其在轴径较大时分布不够均匀。多弹簧式机械密封的弹簧压力分布则相对比较均匀,因此单弹簧式的机械密封常用于较小轴径($d \leqslant 80 \sim 150$mm),而多弹簧式适用于大轴径高速密封。但多弹簧的弹簧丝径细,由于腐蚀或结晶颗粒积聚易引起弹簧失效,这时可采用单弹簧式。

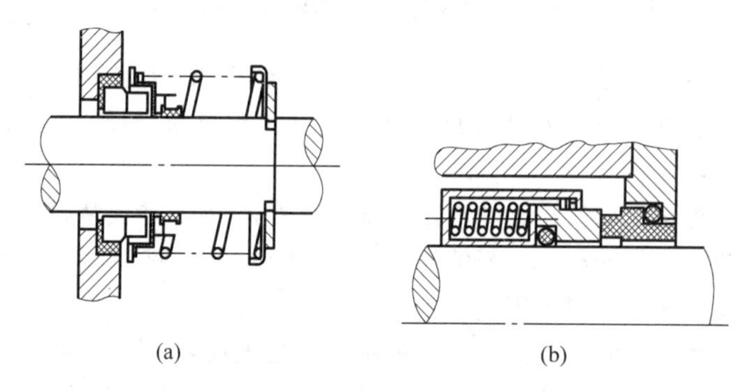

图 6-16 单弹簧式和多弹簧式机械密封

(a) 单弹簧式;(b) 多弹簧式

二、密封件装配要点

1. O 形密封圈安装注意事项

在进行 O 形密封圈安装时,须注意以下事项。

(1) 确保各棱边或过渡处已倒角或倒钝并去除毛刺。

(2) 检查被密封表面有无缺陷。

(3) 清除所有的加工残留物。

(4) 安装路径上的螺纹需加防护套,以防螺纹尖角刮伤O形密封圈。

(5) 为了方便安装,可对O形密封圈安装表面涂润滑油脂。

(6) 手动安装时,不可使用尖锐工具,但要尽量有效借助工具,以保证O形密封圈不扭曲。

(7) 禁止过分拉伸O形密封圈。

(8) 由密封带制成的O形密封圈,禁止在其连接处进行拉伸。

2. 密封垫安装操作要点

(1) 密封表面应清洁干净,并清除旧密封垫的残留物。

(2) 检查密封表面是否平直,是否已被损坏。平直度可用直尺来检查。如果法兰产生变形,则必须进行校直处理。

(3) 安装时应在密封垫上涂抹润滑脂,这样可以防止移动。

(4) 安装时锁紧成组螺母应分次逐步拧紧,并应根据螺栓分布情况,按一定顺序拧紧螺母。在拧紧长方形布置的成组螺母时,应从中间开始,逐步向两边对称地扩展;在拧紧圆形或方形布置的成组螺母时,必须对称地进行。

(5) 全部螺栓或螺母必须用相同的力矩旋紧,所以建议使用力矩扳手。

(6) 安装完毕,应检验是否达到密封要求。

3. 油封安装操作要点

(1) 安装前的准备工作

装配前需要对油封及与油封配合的孔、轴进行检查,检查项目如表6-3～表6-5所示。

表6-3 安装前油封的检查

1	安装前检查油封,油封清洁并完好无损,不要使用附着有沙尘等异物的油封,否则会造成泄漏
2	把油封的密封唇口端朝向密封介质一侧,切忌反向装配
3	单向回流线的油封安装时一定要让油封上标识的箭头方向与轴的旋转方向一致,切勿装反
4	油封安装时,外表面应涂上适当的润滑剂,唇口应涂上适合的清洁润滑脂,带有防尘唇的油封应在主副唇间填满适合的清洁润滑脂,再进行装配
5	确定的油封安装定位的基准面都应是机械加工的表面,未经加工的基准面不能使用
6	油封唇缘通过的螺纹、键槽、花键等处应采取各种措施来防止唇缘损伤。螺纹、键槽、花键等处保护用材料的粗糙度 Ra_{max} 不超过3.2μm,不允许有碰划痕、毛刺等

表6-4 安装前油封座孔的检查

1	孔径的表面粗糙度按GB 1301规定:外包胶 Ra3.2～6.3μm,外露骨架 Ra0.8～3.2μm
2	孔径公差按GB 1801的规定不得超过H8
3	倒角长度按GB 13871—1992,座孔倒角最小15°,最大25°,倒角面的粗糙度要求与轴径相同
4	孔径倒角角度大于45°或无倒角,容易对油封造成啃伤或划伤,引起油封外径及装配倾斜和油封骨架变形等,易使油封装机早期发生渗油或漏油

续表

5	轴和腔体检查： (1) 轴表面与腔体孔内面确认不得附有防锈油或沙尘等异物，如已附有时，予以洗净。用洗净油和汽油清洗时，要清除干净。此时用压缩空气喷射，可使看不见的部位一样清除干净。洗净油与汽油在轴与腔体孔中残留，会使油封膨胀而发生故障 (2) 腔体孔内面及倒角部分，不应有毛刺及缺陷。因为毛刺及缺陷会在安装时成为唇口端部与外周面损伤的原因，要用金刚砂纸予以除去 (3) 唇口部接触轴表面时无缺陷及锈

表 6-5　安装前装配轴的检查

1	轴的表面粗糙度按 GB 1801 规定，与油封接触的轴表面，应使用磨削法加工至表面粗糙度 $Ra0.2 \sim 0.63\mu m$，$Ra_{max}=0.8 \sim 2.5\mu m$
2	轴的直径公差按 GB 1801 规定不得超过 h11
3	轴倒角 30°(最大)，倒角上不应有毛刺、尖角及螺旋加工痕迹，倒角面的粗糙度 $Ra \leqslant 3.2\mu m$，热处理碳化层必须抛光清除
4	特别注意： (1) 轴的表面粗糙度过高，油封唇口易磨损及渗漏油。 (2) 倒角处的毛刺、尖角及螺旋加工痕迹容易划伤油封唇口，造成油封初期密封失效。 (3) 避免或减少轴的损伤、砂眼、安装偏心及径向跳动等缺陷

(2) 油封安装

① 正确的施力方式。避免造成油封变形，在没有压力机或没有使用压力机的情况下，应选用一适当的挡板作为工具，均匀施压，切勿以锤直接敲打，造成油封变形，如图 6-17 所示。

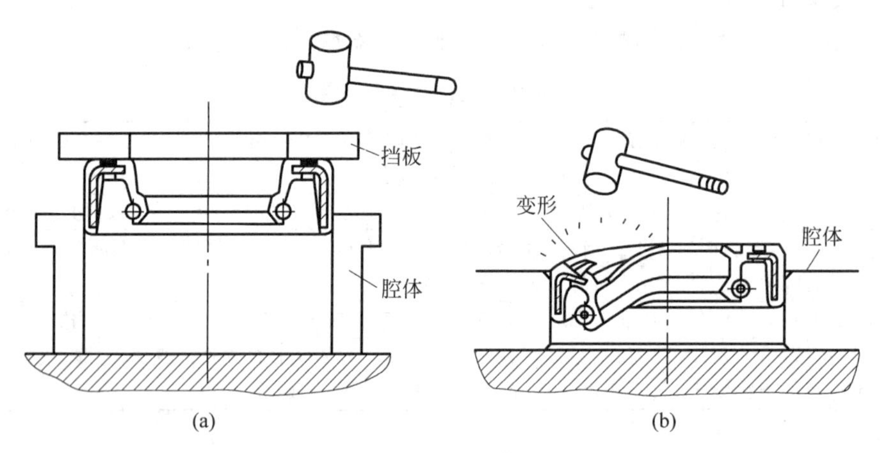

图 6-17　施力方式

(a) 正确；(b) 错误

② 正确的安装工具。选用工具时注意工具与油封接触位置，避免压板与油封接触部位直径过小，引起油封变形损坏，如图 6-18 所示。

③ 不同安装方向选择不同工具。由于装配的方向不同，油封铁壳的施(受)力点也不

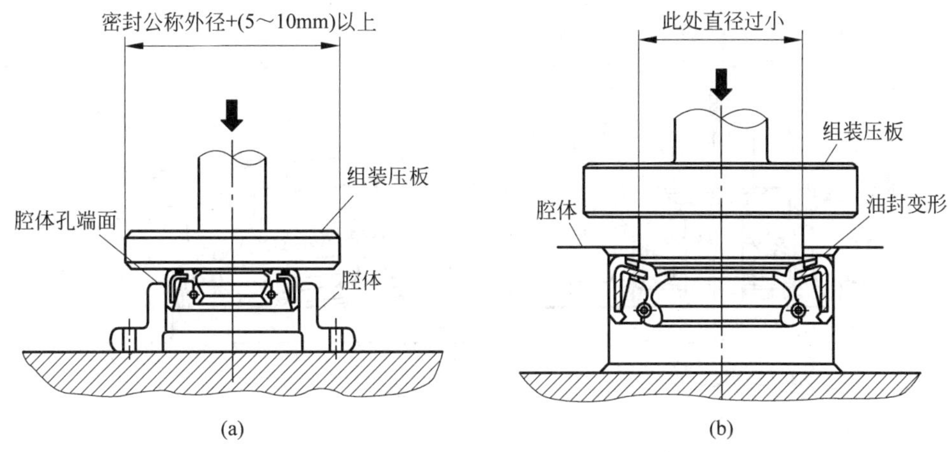

图 6-18 选用正确尺寸的安装工具

(a) 正确；(b) 错误

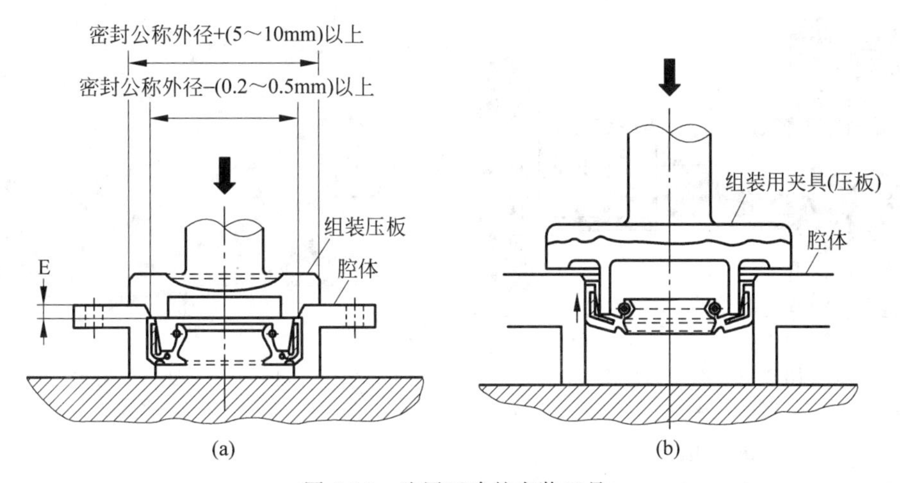

图 6-19 选用正确的安装工具

(a) 正确；(b) 错误

同，故应采用不同的装配工具。压板与油封接触部位尺寸不满足要求，则会引起油封变形损坏，如图 6-19 所示。

④ 保持油封的水平。装配时将油封水平放置在腔体内均匀加压。油封倾斜，油封配合部分将被挤坏、卡住，运行后易发生泄漏，如图 6-20 所示。

⑤ 油封在腔体装配结束，向轴上套装时，可考虑采用引导套，以防止密封唇损坏，如图 6-21 所示。

4. 密封填料安装操作要点

(1) 安装前的准备

装填料前先将旧填料用专用工具(图 6-22)全部取出，把填料函擦干净；观察填料函各部位有无损伤、偏心等缺陷，损伤的阀杆、轴套和填料函都能影响盘根性能。检查其他部件是否还可应用。

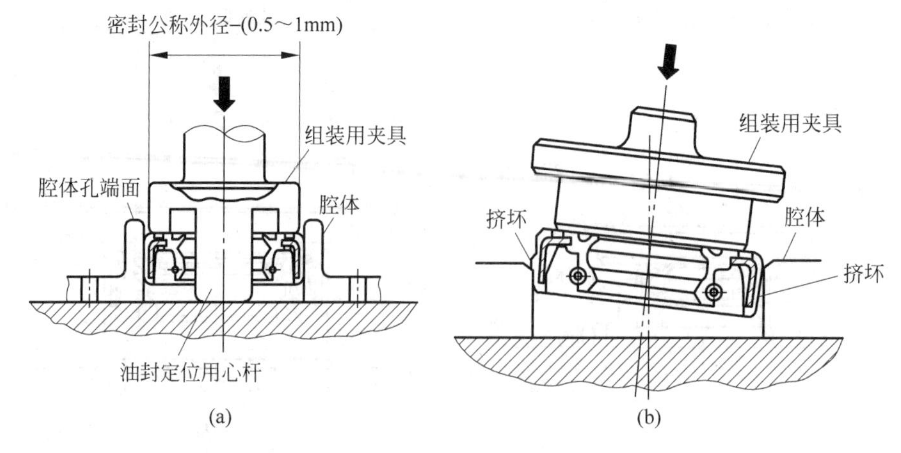

图 6-20 准确定位

(a) 正确；(b) 错误

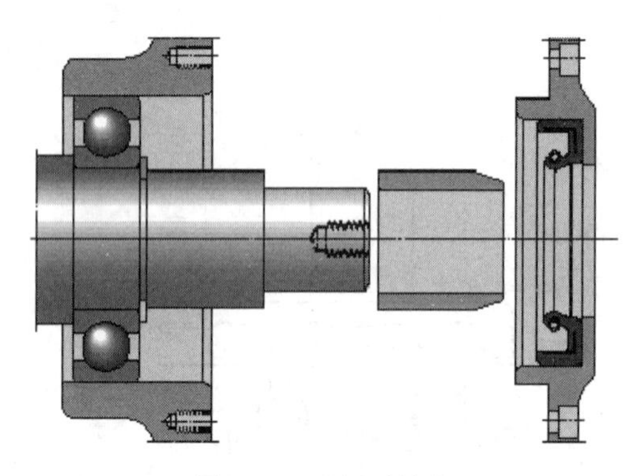

图 6-21 采用引导套

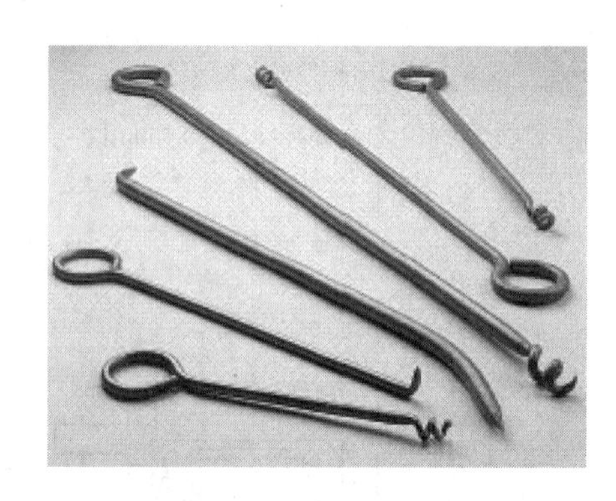

图 6-22 盘根取出器

(2) 选择合适的盘根

在挑选盘根时必须考虑工况要求与盘根性能应相吻合，另外必须根据密封要求正确选择盘根尺寸。为了确定横截面，可用以下公式测算：

$$横截面=\frac{填料箱直径-阀杆直径}{2}$$

(3) 盘根的切割和安装

选择合适的盘根，用切割机（图 6-23）精确割下所需长度的盘根环，或者将盘根环绕在与阀杆相同直径的一根管上，将其紧紧压制，但不可拉伸盘根。然后将其切割成样环，一般旋转轴上用 90°直切割，阀门上用 45°的切割。检验其是否能正确填充空间，并且保证其接口处没有空隙。可以用样环作为标准切割其他填料环。

(4) 盘根的安装与调整

小心地每次安装一个盘根环，将每一个环围绕在轴或阀杆上，在安装下一个环之前，应确保本环已完全在填料函中就位，可用如图 6-24 所示的盘根装填器将盘根环添加到位，下一个环应错开排列，至少相隔 90°，一般要求 120°。最后一个环装好后，用手拧紧螺母，压盖均匀下压。

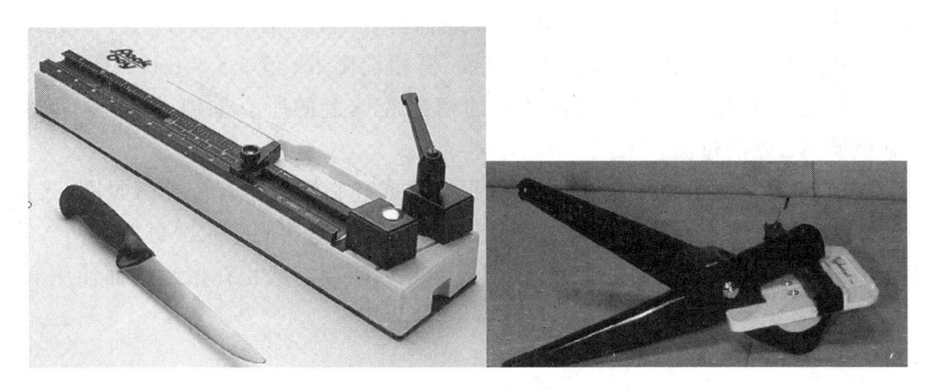

图 6-23 盘根切割机

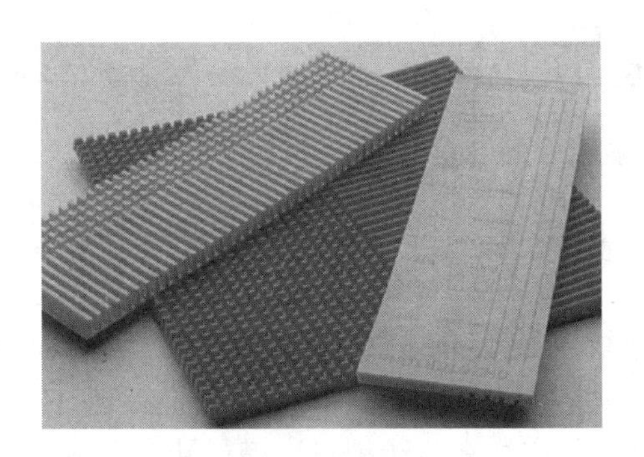

图 6-24 盘根装填器

若是泵用盘根，则继续用手拧紧压盖螺母；开泵后，调整压盖螺母，此时允许有稍多的泄漏；缓慢地拧紧压盖螺母，逐渐减少泄漏，直到泄漏达到可接受的程度；如果泄漏突然停止，应回拧压盖螺母，重新调节以防止盘根过热，调节泄漏率达到一个稳定状态即可。

若是阀门用盘根，向盘根制造商或企业的技术部门咨询有关扭矩的规定或压缩百分比，按以下步骤拧紧压盖螺母：向压盖螺母施加扭矩至满扭矩的30%或适当的压缩百分比；反复开闭阀门数次，当阀门处于关闭位置时，施加全部扭矩。

在操作几个小时后，检查压盖的调节状况，必要时加以拧紧，当压盖不能再进一步调节时，必须更换盘根。

5. 机械密封安装操作要点

(1) 清洁密封腔体，检查轴与腔体的安装连接尺寸，检查轴、密封腔体定位止口对轴的轴向及径向跳动(轴向窜动应小于0.1mm，轴套外径小于50mm时轴径向跳动小于0.04mm，轴套外径为51～120mm时应小于0.06mm)，如图6-25所示。

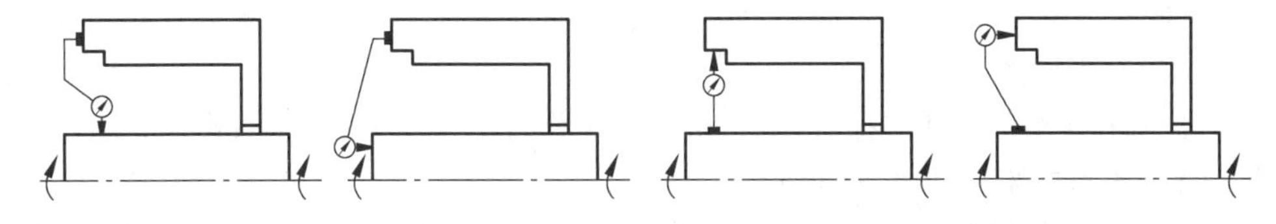

图 6-25 轴向与径向跳动检查

(2) 与弹性机构加载环密封圈接触的轴或轴套表面，其粗糙度 Ra 值≤1.6μm，与其余密封圈(静密封圈)接触的轴套、腔体的表面，其粗糙度 Ra 值≤3.2μm，如图 6-26 所示。

(3) 机械密封辅助密封圈要贴合经过的密封腔体上的所有轴肩、孔台阶，均需倒角 2×30°或倒圆 $R3$ 光滑过渡。

(4) 安装前，为减少摩擦，应用水、润滑脂(油)或硅脂润滑所有橡胶密封圈、聚四氟乙烯密封圈、包覆密封圈表面。乙丙橡胶不用润滑脂(油)，宜用肥皂水或硅脂润滑。柔性石墨密封圈在安装过程中不能承受变形，否则可能导致断裂。禁止在密封端面使用润滑剂，如图 6-27 所示。

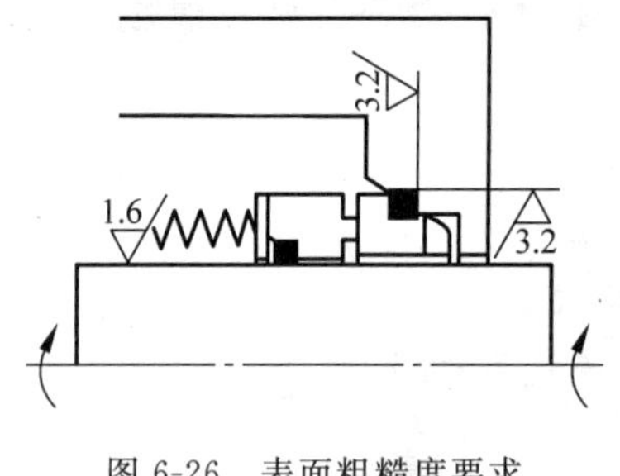

图 6-26 表面粗糙度要求

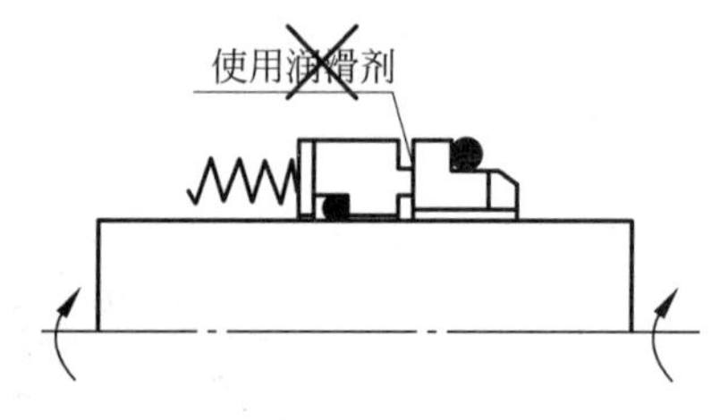

图 6-27 密封端面禁止使用润滑剂

(5) 应通过测算、划线或其他方式，保证机械密封压缩到图纸标示的工作高度，如图 6-28 所示。

(6) 装入压盖的密封环，应注意防转销对准槽或孔。密封环安装到位后，应用深度游标尺沿四周取 4 点检测密封环端面高度，判断是否安装到位，如图 6-29 所示。

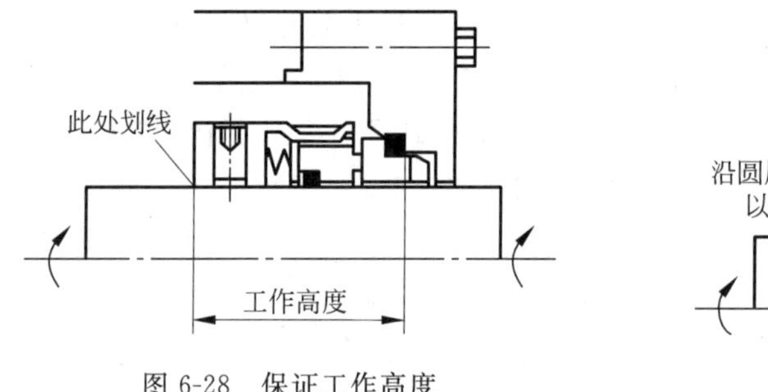

图 6-28 保证工作高度

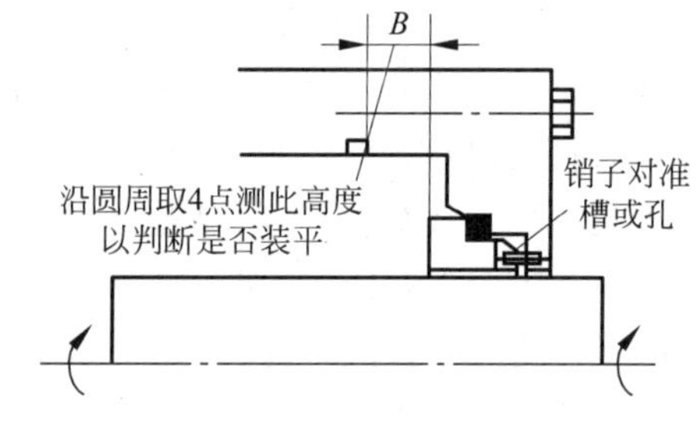

图 6-29 密封环安装到位

(7) 集装式密封，不需测算工作高度，直接将其套上轴推入密封腔，先拧紧密封压盖螺母，再拧紧抱紧轴套的螺母，最后应拆下定位块，方可开机运行，如图 6-30 所示。

(8) 轴套内孔有台阶和键槽的集装式密封(俗称假密封，用于悬臂泵)，只能预压而不能拧紧密封压盖螺母，待泵叶轮装上并压紧后，拆下定位块，再拧紧压盖螺母。

(9) 密封安装过程中，应缓慢均匀用力，不可用力敲击。圆周分布螺纹连接件应用对角线交叉的方式拧紧。

(10) 所有螺纹紧固件需拧紧，防止密封在工作时由于压力、温度的作用，零件移位，造成密封失效和损坏，如图 6-31 所示。

(11) 所有零部件安装到位后，接好密封装置的所有冲洗连接管路，并充满液体、排尽

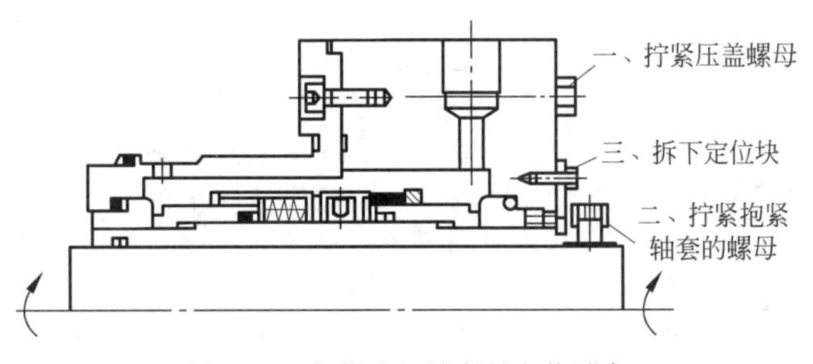

图 6-30 集装式机械密封安装顺序

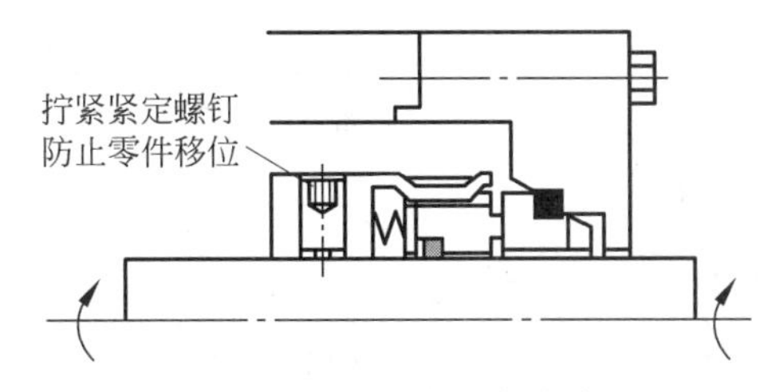

图 6-31 密封件锁紧定位

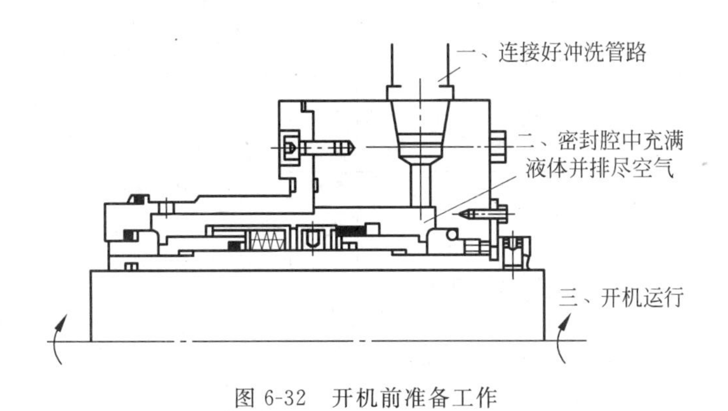

图 6-32 开机前准备工作

空气。盘动旋转轴无异后,方能开机运行(机械密封在无液状态下运行会造成密封严重损坏),如图 6-32 所示。

(12) 密封腔工作时最大温升不应超过 20℃,否则应进一步采取冷却降温措施。

三、密封件选用

密封件种类繁多,具体选用可参看表 6-6。

表 6-6 密封件选用参考

温度压力	材　　质	密 封 形 式	密 封 特 性	备　　注
温度≤80℃耐中低压	中压石棉板材	平垫片	管配法兰接口,水,气体,油,酸碱稀液	石棉材料已趋于淘汰,不建议使用
	耐油石棉板材			
	芳纶无石棉板材	平垫片内加骨架	受压增加,刚柔相济	液压传动密封,耐压、耐磨损部位可用聚氨酯产品
	橡胶	平垫片外包聚四氟乙烯	耐中低压力条件下强腐蚀介质	

续表

温度压力	材质	密封形式	密封特性	备注
温度≤120~260℃耐中高压	丁腈橡胶	内外骨架油封，各种V、U、Y、O形圈，承受高压力处夹布橡胶产品	液压传动密封，各种油类或管阀接口密封	尚有其他特殊胶种如：三元乙丙、氯丁、氯醇丁基、丁苯等供特殊工况条件选用
	硅橡胶		液压传动密封，高温气体，食品医疗专用	
	氟橡胶		液压传动密封，苛刻的酸碱环境	
	石棉纤维、橡胶、铜丝	盘根	泵阀密封 250℃ 60kgf/cm	
			泵阀密封 550℃ 200kgf/cm	
	石棉纤维		250℃ 60kgf/cm	
			450℃ 150kgf/cm	
	芳纶纤维(无石棉)		耐腐蚀，耐磨损	石棉纤维外浸 F4 及硅油盘根为芳纶 F4 盘根的经济替代型
	聚四氟乙烯	盘根	耐腐蚀，耐线速(GFO)	
		填充改性填料	各类动静密封及机配件	
		平垫片	管配法兰接口，绝缘，防老化，适用各种气体强酸碱液体密封	
	钢骨架外复石墨	平垫片	管配法兰接口替代石棉平垫片升级换代产品	
	不锈钢 F4 缠绕	基本型及带内外环	管配法兰接口，适用强腐蚀介质	
高温高压	华尔卡板材(石棉、无石棉)	平垫片，3000 以内超大规格	耐腐蚀 550℃ 60kgf/cm 管配法兰接口，适用介质广泛	
	不锈钢石墨缠绕	基本型及带内外环	适用各种介质	
	柔性石墨	填料环	泵，阀，杆，轴密封	
	石墨加镍丝编织	盘根	泵，阀，杆，轴密封：≤600℃ 150kgf/cm	
	碳纤维编织	盘根	低碳 280℃ 150kgf/cm 高碳 600℃ 300kgf/cm	
	碳纤维树脂	热压机制成型	柱塞阀密封≤600℃ 200~600kgf/cm	
	石墨树脂	热压机制成型	各类动静密封及机配件	
	各种金属 不锈钢	平垫片，齿型垫片，以及复合石墨，八角、椭圆、透镜垫片	耐压性能优良	
	各种金属 碳钢			
	各种金属 紫铜			
	各种金属 纯铝			
	各种金属 纯钛			

6.2 密封填料拆装训练

如图 6-33 所示,本节训练拆装离心泵密封填料,具体工作过程如下。

图 6-33 离心泵

一、准备工作

1. 准备工用具

准备好拆装工用具:螺纹连接件拆装工具套组、割刀、管钳、填料取出器、撬杠、游标卡尺、米尺、润滑脂、清洁布。

2. 整理工作场地

对装配场地进行整理,清洁装配用工件和工具,并归类放置好备用。

3. 准备劳保用品

操作人员需穿戴好 PPE(个人防护设备):工作服、安全眼镜、安全鞋。

二、拆卸操作

(1) 停机,并上锁挂牌,关闭各阀门,打开泄压阀门,直至压力表示值为零,完全泄压,从而保证操作过程安全性。

(2) 卸松泵压盖调节螺母后,用撬杠扳动压盖(图 6-34),确定无余压后,卸掉调节螺母,取下压盖。

(3) 用填料取出器取出旧填料,一定要取干净,如图 6-35 所示。

三、安装操作

(1) 清洁密封函体内部及泵轴或轴套,检查有无破损、腐蚀或偏磨等现象。

(2) 如图 6-36 所示,用游标卡尺量取盘根宽度,选用合适尺寸的盘根,并按长度切割一条盘根环,切口角度为 30°～45°,如图 6-37 所示。

图 6-34　用撬杠扳动压盖

图 6-35　取出填料

图 6-36　测量盘根尺寸

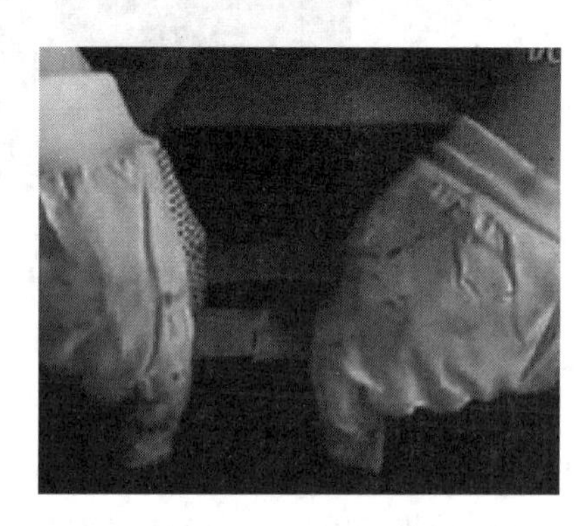

图 6-37　切割盘根

(3) 如图 6-38 所示，向密封函体内涂抹润滑脂。

(4) 如图 6-39 所示，加装新密封填料，注意盘根环切口应错开排列，一般为 120°，最后一根盘根环接口处应向下。

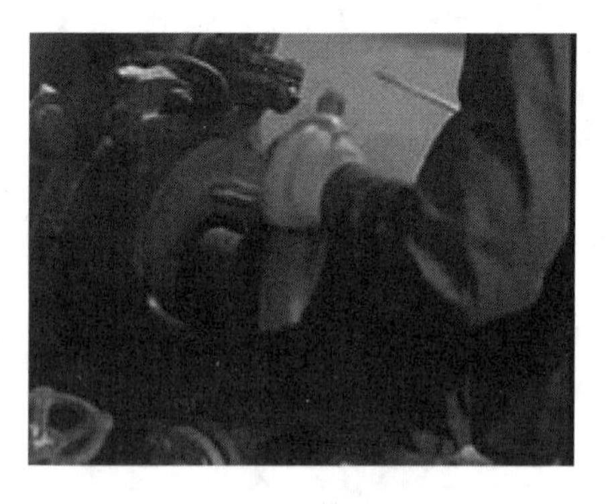

图 6-38　涂抹润滑脂

图 6-39　添加填料

(5) 如图 6-40 所示，将密封压盖装入填料函，均匀上紧调节螺母，保证压盖不偏斜。

(6) 如图 6-41 所示，按泵的旋转方向盘动泵轴，检查有无阻卡现象，松紧是否适中，若有必要，重新调整密封压盖松紧度。

图 6-40 拧紧调节螺母

图 6-41 盘动泵轴

(7) 启泵试运行,观察密封填料有无发热、冒烟、甩水现象,漏失量是否在规定范围,若有必要,需重新调整密封压盖松紧度。

四、工作结束

清理工作场地,收工具。

6.3 机械密封拆装训练

如图 6-42 所示,本节训练拆装 ITT LOWARA 立式多级泵机械密封,具体工作过程如下。

图 6-42 立式多级泵

一、准备工作

1. 准备工用具

准备好拆装工用具：螺纹连接工具套组、肥皂水、清洁布、撬棍、垫片。

2. 整理工作场地

对装配场地进行整理，清洁装配用工件和工具，并归类放置好备用。

3. 准备劳保用品

操作人员需穿戴好 PPE(个人防护设备)：工作服、安全眼镜、安全鞋。

二、拆卸操作

(1) 如图 6-43 所示，拆卸挡板连接螺钉，取下挡板。

(2) 如图 6-44 所示，用内六角扳手按对角分次逐步拆卸联轴器紧固螺栓，取下联轴器。

图 6-43　拆卸挡板

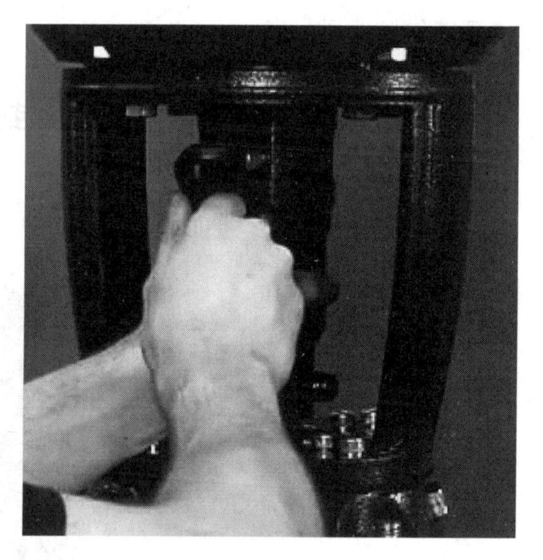

图 6-44　拆卸联轴器

(3) 如图 6-45 所示，取出泵轴上的定位销。

(4) 如图 6-46 所示，用内六角扳手按对角分次逐步拆卸压盖连接螺钉。

(5) 如图 6-47 所示，轻轻取出压盖，取出时应注意保持压盖与泵轴的同轴度，避免磕碰、挤压密封环。

(6) 如图 6-48 所示，清洁压盖上静环密封端面。

(7) 如图 6-49 所示，用手轻轻取出静环，检查有无破损，能否继续使用。

(8) 如图 6-50 所示，轻轻取出动环组件，取出时应注意保持压盖与泵轴的同轴度，避免磕碰、挤压密封环。

(9) 如图 6-51 所示，清洁动环密封端面，检查有无破损，能否继续使用。

图 6-45 取下定位销

图 6-46 拆卸压盖螺钉

图 6-47 取下压盖

图 6-48 清洁静环密封端面

图 6-49 取下静环

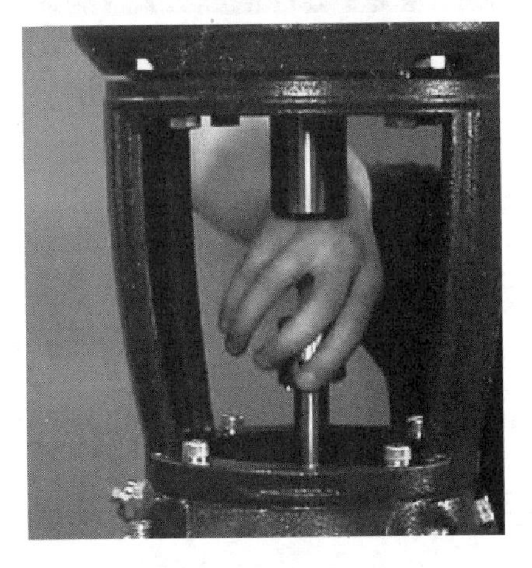

图 6-50 取出动环组件

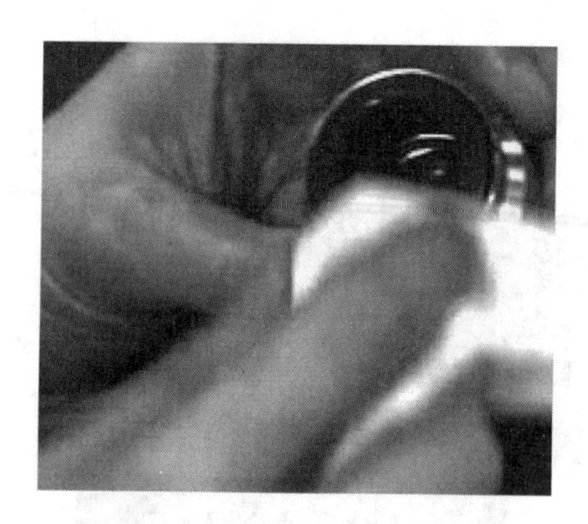

图 6-51 清洁动环密封端面

图 6-52 用肥皂水润滑动环

三、安装操作

(1) 如图 6-52 所示，为减少摩擦，用肥皂水润滑动环(此动环密封圈为乙丙橡胶，需用肥皂水润滑)。

(2) 如图 6-53 所示，将动环组件安装到泵轴上，注意不要磕碰到密封端面。

图 6-53 安装动环组件

图 6-54 安装静环

(3) 同样用肥皂水润滑静环(此动环密封圈为乙丙橡胶，需用肥皂水润滑)，然后将静环轻轻压入压盖中，如图 6-54 所示。

(4) 如图 6-55 所示，将装好静环的压盖安装在泵体上，注意保持压盖与泵轴的同轴度，不要磕碰到密封端面。

(5) 如图 6-56 所示，用内六角扳手按对角分次逐步拧紧压盖紧固螺钉。

(6) 如图 6-57 所示，安装联轴器，注意对准定位销。

(7) 安装联轴器紧固螺栓，为了保证联轴器旋转平衡性，4 个紧固螺栓应对角并反向安装，如图 6-58 所示，此时仅将螺栓用手旋入螺栓孔，不要拧紧。

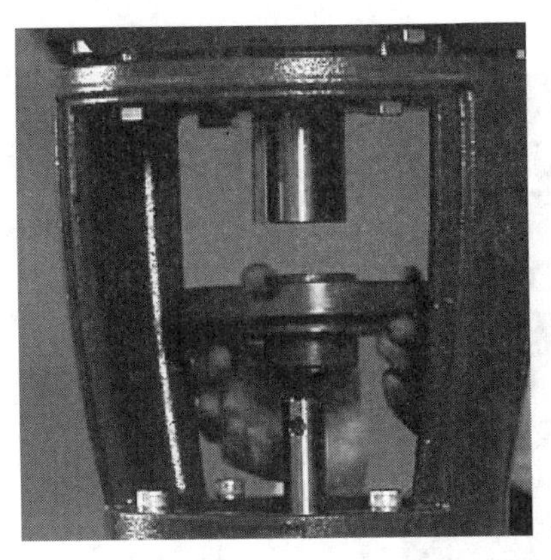

图 6-55　安装压盖

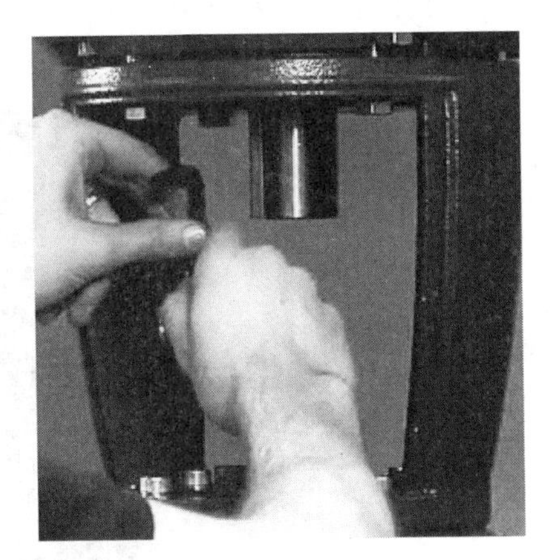

图 6-56　拧紧压盖螺钉

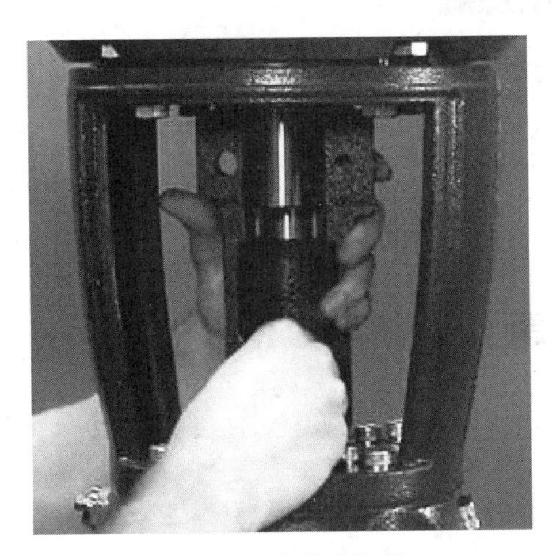

图 6-57　安装联轴器

图 6-58　安装联轴器紧固螺栓

（8）如图 6-59 所示，在紧固联轴器螺栓前，用撬棍将联轴器顶起至其轴向位置上限，垫上支撑垫，保证联轴器轴向位置正确，然后用内六角扳手按对角分次逐步拧紧联轴器紧固螺栓。

图 6-59　定位联轴器

(9) 如图 6-60 所示，安装两块挡板。

图 6-60 安装挡板

四、工作结束

清理工作场地，收工具。

思 考 题

1. 常见密封件类型有哪些？分别应用于哪些场合？
2. 如何正确选用密封件？
3. O 形密封圈的安装要点有哪些？
4. 油封安装要点有哪些？
5. 密封垫安装要点有哪些？
6. 密封填料安装要点有哪些？
7. 机械密封安装要点有哪些？

7

项目

联轴器的拆装与调整

能力目标

(1) 能识别各种联轴器类型。

(2) 能按照"6S"操作要求,完成联轴器拆装工作。

(3) 能控制联轴器装配质量。

(4) 能按照"6S"操作要求,完成联轴器找正工作。

7.1 相关知识

联轴器是用来连接不同机构中的两根轴(主动轴和从动轴)使之共同旋转以传递扭矩的机械零件。在高速重载的动力传动中,有些联轴器还有缓冲、减振和提高轴系动态性能的作用。联轴器由两半部分组成,分别与主动轴和从动轴连接。一般动力机大都借助于联轴器与工作机相连接。

一、常见联轴器的类型

联轴器种类繁多,按照被连接两轴的相对位置和位置的变动情况,可以分为以下几种。

1. 固定式联轴器

固定式联轴器主要用于两轴要求严格对中并在工作中不发生相对位移的地方,结构一般较简单,容易制造且两轴瞬时转速相同,主要有凸缘联轴器(图 7-1)、套筒联轴器(图 7-2)、夹壳联轴器(图 7-3)等。

2. 可移式联轴器

可移式联轴器主要用于两轴有偏斜或在工作中有相对位移的地方,根据补偿位移的方法又可分为刚性可移式联轴器和弹性可移式联轴器。

图 7-1　凸缘联轴器

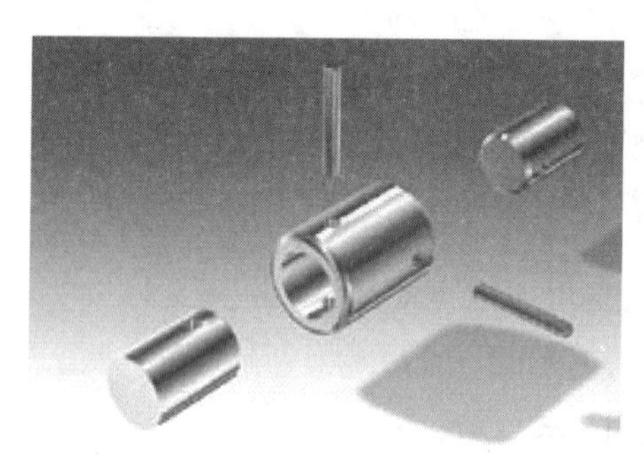

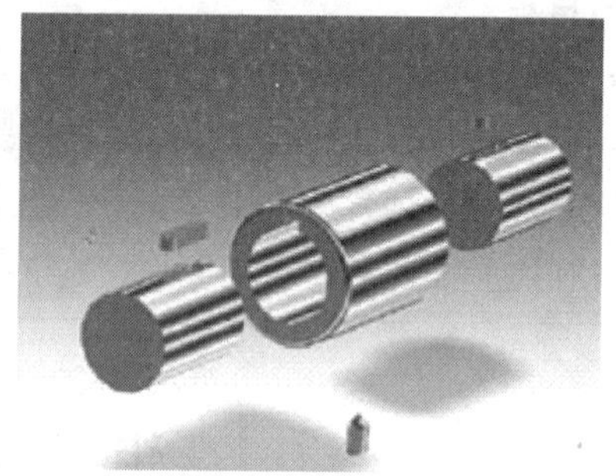

图 7-2　套筒联轴器

(1) 刚性可移式联轴器

刚性可移式联轴器利用联轴器工作零件间构成的动连接具有某一方向或几个方向的活动度来补偿，如牙嵌联轴器(图 7-4)允许轴向位移，十字滑块联轴器(图 7-5)用来连接平行位移或角位移很小的两根轴，万向联轴器(图 7-6)用于两轴有较大偏斜角或在工作中有较大角位移的地方，齿轮联轴器(图 7-7)允许综合位移，链条联轴器(图 7-8)允许有径向位移。

图 7-3　夹壳联轴器

图 7-4　牙嵌联轴器

图 7-5　十字滑块联轴器

图 7-6　万向联轴器

图 7-7 齿轮联轴器

图 7-8 链条联轴器

(2) 弹性可移式联轴器

弹性可移式联轴器(简称弹性联轴器)利用弹性元件的弹性变形来补偿两轴的偏斜和位移,同时弹性元件也具有缓冲和减振性能,如蛇形弹簧联轴器(图 7-9)、星形联轴器(图 7-10)、弹性套柱销联轴器(图 7-11)、弹性柱销联轴器(图 7-12)、轮胎联轴器(图 7-13)、膜片离合器(图 7-14)等。

图 7-9 蛇形弹簧联轴器

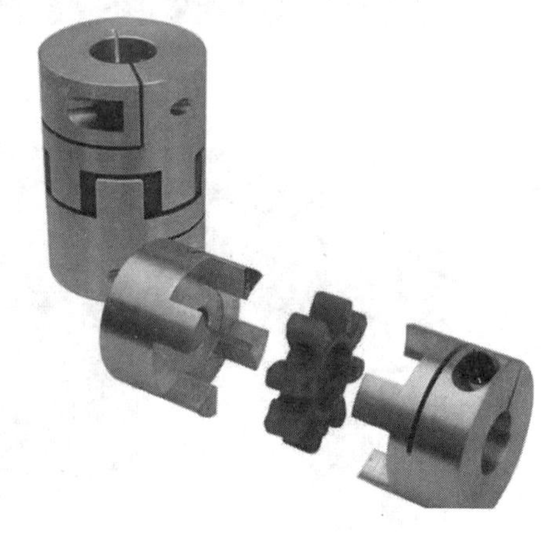

图 7-10 星形联轴器

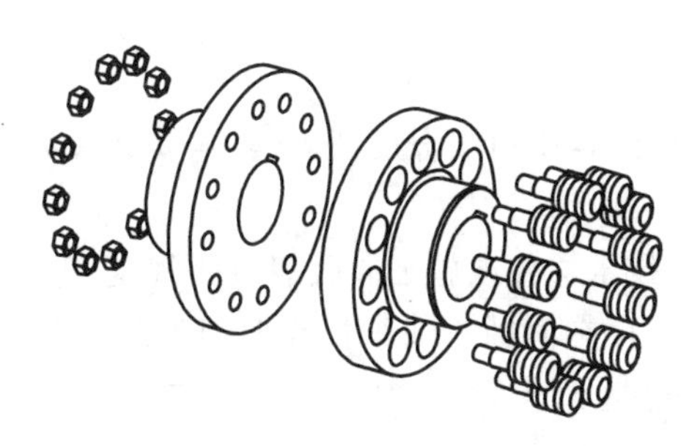

图 7-11 弹性套柱销联轴器

图 7-12 弹性柱销联轴器

图 7-13 轮胎联轴器

图 7-14 膜片联轴器

二、联轴器装配要点

(1) 检查外观及主要安装尺寸：保证联轴器和轴配合尺寸无误，各安装表面光洁，无缺陷、污物等。

(2) 半联轴器与轴装配时，要符合装配技术文件或施工验收规范的规定，保持一定的端面间隙，但刚性凸缘式联轴器端面不允许存在间隙。装配操作时，可根据联轴器的尺寸，在轴颈上划出装入深度标记，避免装入过量。

(3) 根据孔轴配合尺寸及公差，选择合理的装配方法。

① 冷装法。对于尺寸较小或有间隙的配合用锤击法装配。先在联轴器的配合面上抹上机油，将键安于键槽内，半片联轴器对正装入轴(开始装入时，要保持联轴器端面与轴的轴线垂直，以防止产生偏心)，边推边用锤打击(宜在中部垫板打击)，直至装入终端位置为止。

② 温差法。当过盈量较大时，用压力机装配、温差法或温差法配合压力机装配。将孔(半片联轴器)加热胀伸后，迅速装入轴上。加热方法可用机油在加热箱内加热，也可用蒸气加热法加热、电加热法、感应加热等(详见项目 3 中滚动轴承加热法)。当然也可以将轴冷却，使直径变小，再装配联轴器，冷却用的冷却剂有液氮、干冰加酒精。

注意：采用加热法装配联轴器时，注意安全防护，避免烫伤；用油加热热装时，油与火要绝对隔离，防止火灾，加热地点应无易燃物品。

(4) 联轴器装配后要进行找正，调整其装配精度。联轴器在安装时必须精确地找正、对中，否则将会在联轴器上引起很大的应力，并将严重地影响轴、轴承和轴上其他零件的正常工作，甚至引起整台机器和基础的振动或损坏等。因此，找正是安装和检修过程中很重要的工作环节之一。联轴器安装时，可能会产生如图 7-15 所示的 4 种偏差：图 7-15(a)表示两半联轴器是处于既平行又同心的正确位置；图 7-15(b)表示两半联轴器虽然同心，但不平行，这时两轴的中心线之间有倾斜的角位移；图 7-15(c)表示两半联轴器虽然互相平行，但不同心，这时两轴的中心线之间有平行的径向位移；图 7-15(d)表示两半联轴器既不平行，又不同心，这时两轴的中心线之间既有径向位移，又有角位移。找正的目的是将联轴器角位移量、径向位移量调整到允许的误差范围内。

(5) 整个装配过程需严格遵守“6S”操作要求。

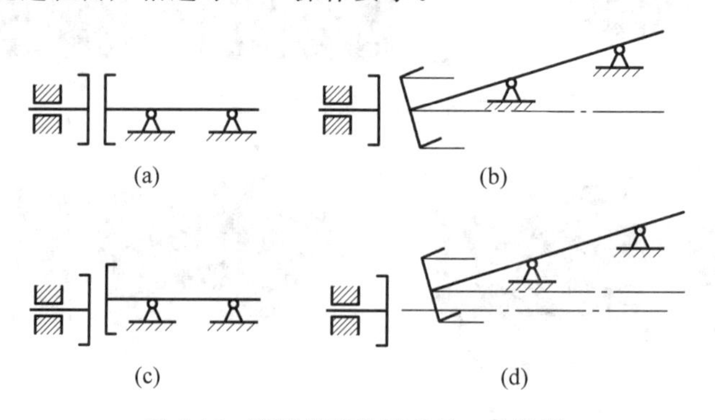

图 7-15　联轴器安装误差的 4 种情况

三、联轴器拆卸要点

(1) 拆卸前,应做好位置记号,方便装配。

(2) 拆卸两半联轴器前,应确认所有紧定螺钉或销子均已拆下。

(3) 根据孔轴配合尺寸及公差,选择合理的拆卸方法。

① 拉拔法。对于尺寸较小或有间隙的配合宜采用拉拔法,用拉拔器缓慢将联轴器拆卸下来(操作要点详见项目3滚动轴承拆卸法)。

② 温差法。与装配时同理。

(4) 整个拆卸过程需严格遵守"6S"操作要求。

7.2 联轴器粗略找正

联轴器可以通过塞尺测量法进行粗略找正,适用于精度要求不太高的场合。

一、准备工作

(1) 切断需要找正的联轴器所在的设备的动力源,并上锁挂牌,确保工作安全性,避免发生安全事故。

(2) 认真阅读联轴器使用说明书,明确其安装精度要求,记录其角位移、径向位移允许误差值。

(3) 准备工具:钢板尺、塞尺、扭力扳手、内六角扳手、垫片、记号笔。

二、找正

1. 测量并调整软脚

松开电机4个地脚螺栓,依次用塞尺测量4个地脚螺栓处电机底座与地基之间缝隙大小,如图7-16所示。若发现软脚,则添加垫片进行调整。

2. 测量并调整联轴器竖直面角位移

调整竖直面角位移如图7-17所示。

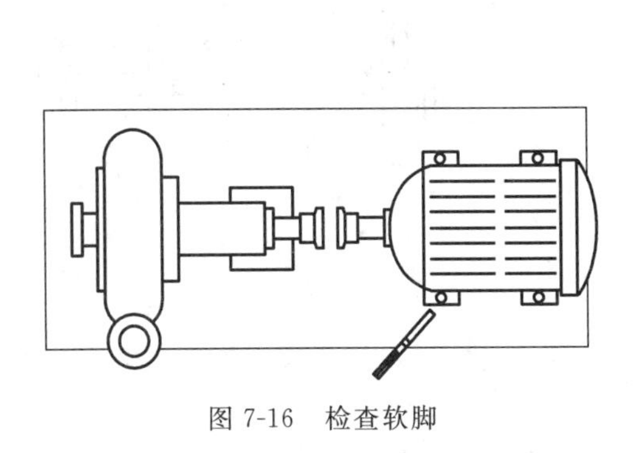

图7-16 检查软脚

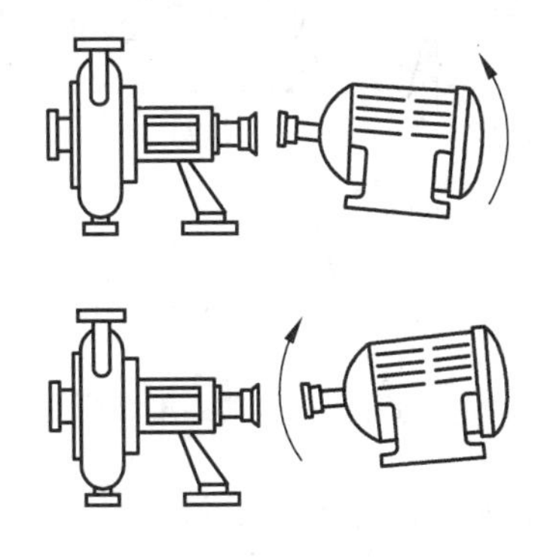

图7-17 调整竖直面角位移

(1) 用记号笔在联轴器表面标记测量点,将此测量点旋转至12点钟位置,用塞尺测量两半联轴器端面间缝隙,如图7-18所示,并记录此值 x_1。

(2) 将测量点旋转至 6 点钟位置，用塞尺测量两半联轴器端面间缝隙，如图 7-19 所示，并记录此值 x_2。

图 7-18　测量 12 点钟端面间隙

图 7-19　测量 6 点钟端面间隙

(3) 如图 7-20 所示，其中 D 为联轴器直径，L 为电机地脚螺栓间距离，$b=x_2-x_1$，则调整垫片厚度 $h=\frac{d}{D}L$。

(4) 松开电机地脚螺栓，根据计算结果，将厚度为 h 的两调整垫片分别添加到电机前端两地脚螺栓处(若 $x_1>x_2$，则应将垫片添加到电机后端两地脚螺栓处)，然后用扭力扳手按规定扭矩扭紧地脚螺栓，则完成联轴器竖直面角位移的调整。

3. 测量并调整联轴器竖直面径向位移

调整竖直面径向位移如图 7-21 所示。

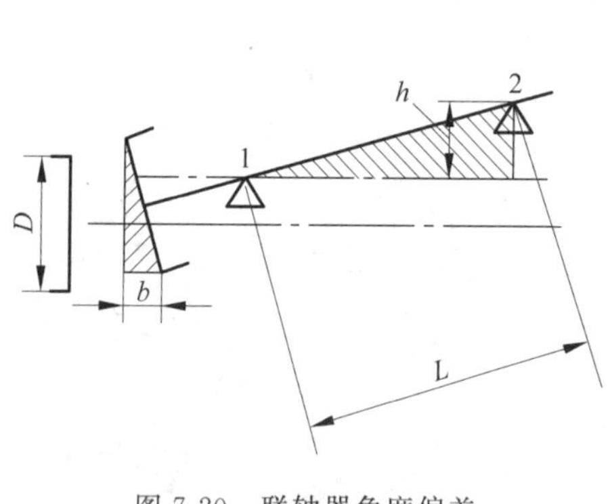

图 7-20　联轴器角度偏差

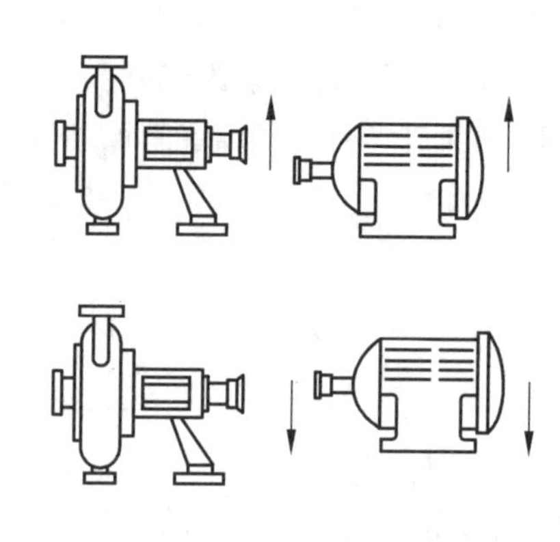

图 7-21　调整竖直面径向位移

(1) 如图 7-22 所示，将测量点旋转至 12 点钟位置，用钢板尺卡在联轴器外缘测量点处，并用塞尺测出两半联轴器径向位移值 x。

(2) 松开电机地脚螺栓，将 4 个厚度为 x 的调整垫片分别添加到电机 4 个地脚螺栓处(若电机端半联轴器比负载端半联轴器高，则应在电机 4 个地脚螺栓处分别撤掉厚度为 x 的垫片)，则完成竖直面径向位移的调整，竖直面找正完成。

4. 测量并调整联轴器水平面角位移

调整水平面角度位移如图 7-23 所示。

图 7-22 测量竖直面径向位移

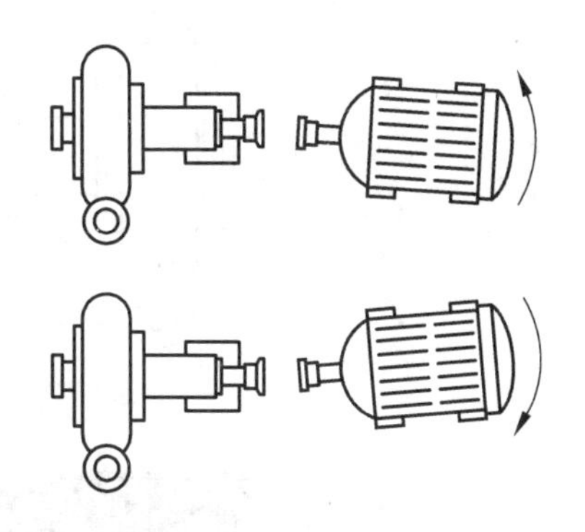

图 7-23 调整水平面角度位移

(1) 将测量点旋转至 9 点钟位置(自电机端向负载端方向观看),用塞尺测量两半联轴器端面间缝隙,如图 7-24 所示,并记录此值 y_1。

(2) 将测量点旋转至 3 点钟位置,用塞尺测量两半联轴器端面间缝隙,如图 7-25 所示,并记录此值 y_2。

图 7-24 测量 9 点钟端面间隙

图 7-25 测量 3 点钟端面间隙

(3) 与步骤 2 同理可得,水平面角位移量:$y=\frac{|y_1-y_2|}{D}L$。

(4) 松开电机地脚螺栓,根据计算结果,调整调节螺钉,若 $y_1<y_2$,如图 7-23(a)所示,将电机 9 点钟一侧后端地脚螺栓处调节螺钉旋紧,使电机后端地脚向 3 点钟一侧移动距离 y(若电机底座未配调节螺钉,则可用手锤轻轻锤击进行调整,如图 7-26 所示)。若 $y_1>y_2$,如图 7-23(a)所示,将电机 3 点钟一侧后端地脚螺栓处调节螺钉旋紧,使电机后端地脚向 9 点钟一侧移动距离 y。为了保证调节螺钉调整的准确性,可用塞尺在对面的调节螺钉处预留出调整量 y,如图 7-27 所示,边旋紧调节螺钉,边观察,直至电机端底座与对面的顶丝端面完全接触为止。然后用扭力扳手按规定扭矩扭紧地脚螺栓,完成联轴器水平面角位移的调整。

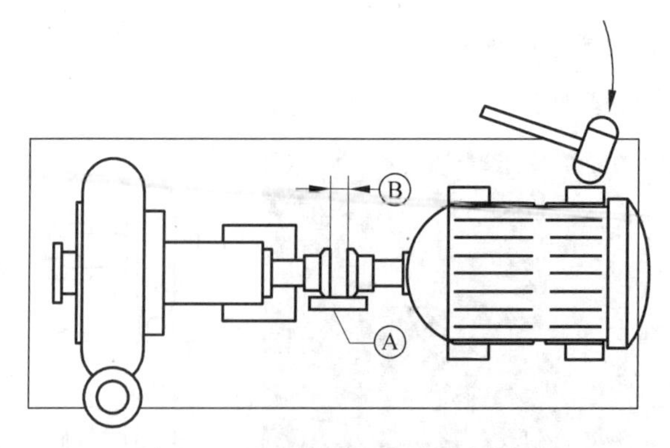

图 7-26 锤击法调整水平面角位移

图 7-27 预留顶丝调整量 y

5. 测量并调整联轴器水平面径向位移

调整水平面径向位移如图 7-28 所示。

(1) 如图 7-29 所示，将测量点旋转至 9 点钟位置，用钢板尺卡在联轴器外缘测量点处，并用塞尺测出两半联轴器径向位移量 z。

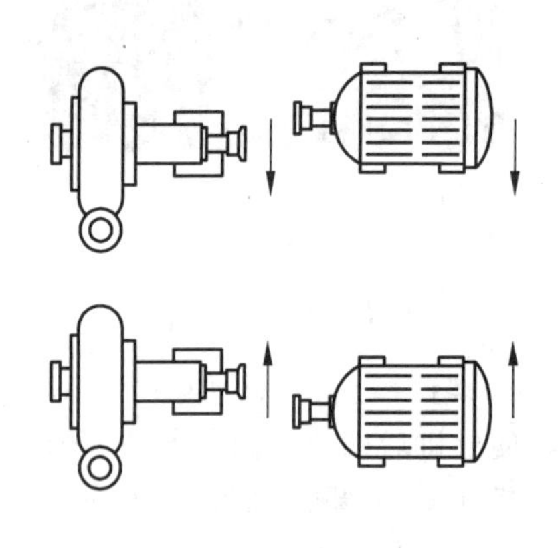

图 7-28 调整水平面径向位移

图 7-29 测量水平面径向位移

(2) 松开电机地脚螺栓，若在 9 点钟位置，电机端半联轴器比负载端半联轴器低，如图 7-28(a)所示，则应旋紧 9 点钟一侧两调节螺钉，将电机向 3 点钟方向移动距离 z；若在 9 点钟位置，电机端半联轴器比负载端半联轴器高，如图 7-28(b)所示，应旋紧 3 点钟一侧两调节螺钉将电机向 9 点钟方向移动距离 z，然后用扭力扳手按规定扭矩扭紧地脚螺栓，则完成水平面径向位移的调整，水平面找正完成。

三、工作结束

清理工作场地，收工具，解锁摘牌。

7.3　联轴器打表找正

联轴器可以通过打表法（图 7-30）进行精确测量找正，此方法适用于精密和高速机器。

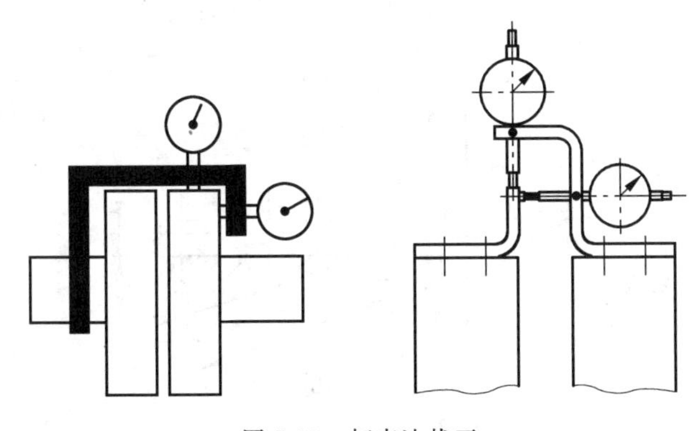

图 7-30　打表法找正

一、准备工作

（1）切断需要找正的联轴器所在的设备的动力源，并上锁挂牌，确保工作安全性，避免发生安全事故。

（2）认真阅读联轴器使用说明书，明确其安装精度要求，记录其角位移、径向位移允许误差值。

（3）准备工具：千分表、表架、扭力扳手、内六角扳手、垫片。

二、找正

（1）用打表法测量前，应先用前面所述的塞尺找正法进行粗略找正。

（2）将两只千分表固定到联轴器上，首先将千分表转到 12 点位置，用千分表测量出径向间隙 a_1 和端面间隙 s_1，然后将两半联轴器顺次转到 3 点、6 点、9 点 3 个位置上，分别测出 a_2、s_2；a_3、s_3；a_4、s_4。将测得的数据记在如图 7-31 所示的

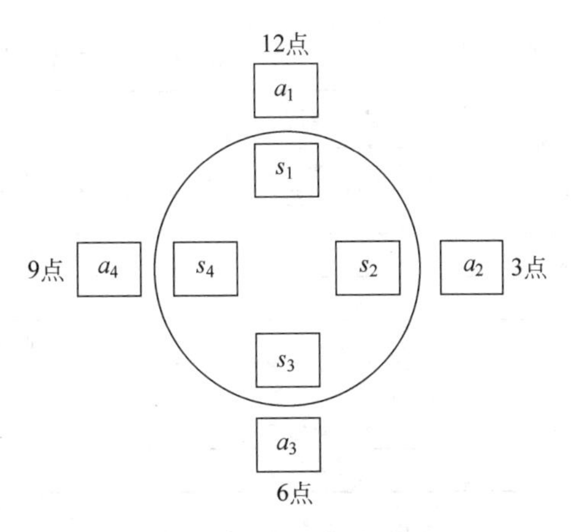

图 7-31　打表法记录图

记录图中。当重新转到 12 点位置时，千分表读数应与 a_1 和 s_1 相等，若不想等，必须查出原因(可能轴有轴向窜动)，并排除。

(3) 如图 7-32 所示，可以计算出主动机竖直方向和水平方向的调整量，结果如表 7-1 所示，可以通过加减垫片调整联轴器竖直方向对中性。主动机水平方向调整量的大小也按表 7-1 进行计算，可根据具体情况通过调节螺钉、手锤或千斤顶来调整主动机的水平位置。

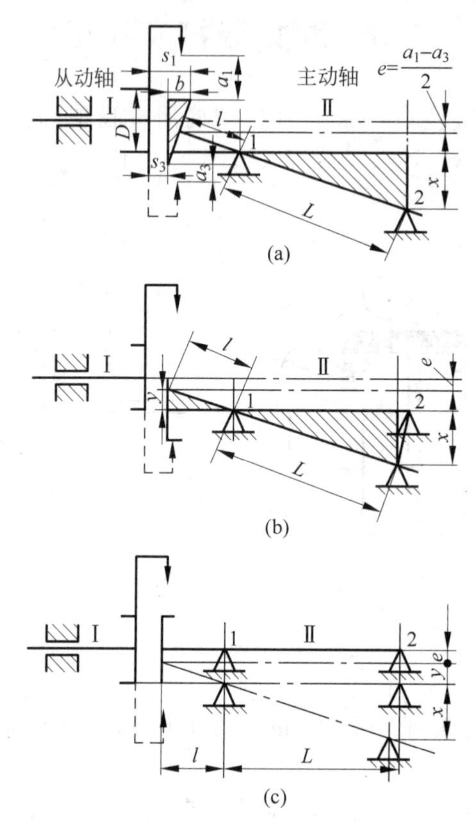

图 7-32　联轴器找正计算和加垫调整方法

表 7-1　联轴器打表法找正时垫片厚度的计算公式

偏移情况	主动机支脚 1	主动机支脚 2
$s_1=s_3, a_1>a_3$	加 $e=(a_1-a_3)/2$	加 $e=(a_1-a_3)/2$
$s_1=s_3, a_1<a_3$	减 $e=(a_3-a_1)/2$	加 $e=(a_3-a_1)/2$
$s_1>s_3, a_1=a_3$	加 y	加$(x+y)$
$s_1<s_3, a_1=a_3$	减 y	减$(x+y)$
$s_1>s_3, a_1>a_3$	加$(y+e)$	加$(x+y+e)$
$s_1>s_3, a_1<a_3$	加$(y-e)$	加$(x+y-e)$
$s_1<s_3, a_1<a_3$	减$(y+e)$	减$(x+y+e)$
$s_1<s_3, a_1>a_3$	减$(y-e)$	减$(x+y-e)$

注：表中 $x=\frac{b}{D}L, y=\frac{b}{D}l$。

三、工作结束

清理工作场地，收工具，解锁摘牌。

7.4 联轴器激光找正

联轴器可以通过激光对中仪(图 7-33)进行精确测量找正。此方法适用于精度要求较高以及打表法无法进行操作的场合，其测量范围可达 10m。

图 7-33 激光对中仪

激光轴对中仪的测量原理：如图 7-34 所示，把两个激光发射/接收器分别固定在联轴节的两边，在轴转动到 9 点钟→12 点钟→3 点钟位置(位置确定方法为自电机端向负载端观看，如图 7-35 所示)时系统自动记录测量值，显示单元将自动计算出径向位移和角位移，同时给出前脚和后脚的调整值和垫平值，并且在调整过程中实时变化。

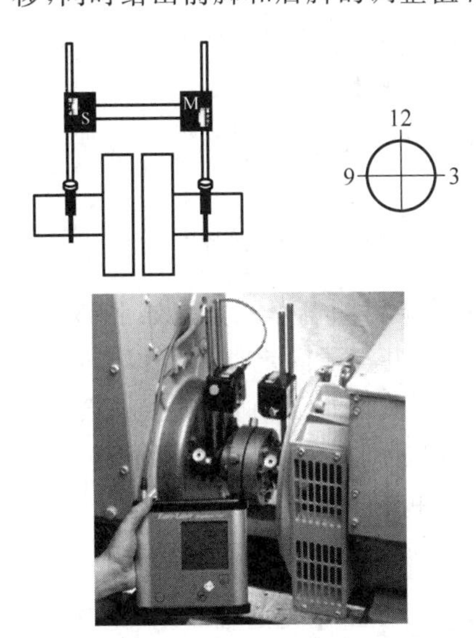

图 7-34 激光对中仪工作原理图

图 7-35 确定时钟方向

一、准备工作

（1）切断需要找正的联轴器所在的设备的动力源，并上锁挂牌，确保工作安全性，避免发生安全事故。

（2）认真阅读联轴器使用说明书，明确其安装精度要求，记录其角位移、径向位移允许误差值。

（3）准备工具：激光对中仪（D450）、扭力扳手、内六角扳手、垫片。

二、找正

1. 安装激光对中仪

根据实际测量工作空间尺寸及结构，选用合适的附件进行测量单元的安装，具体使用情况如图 7-36 所示。

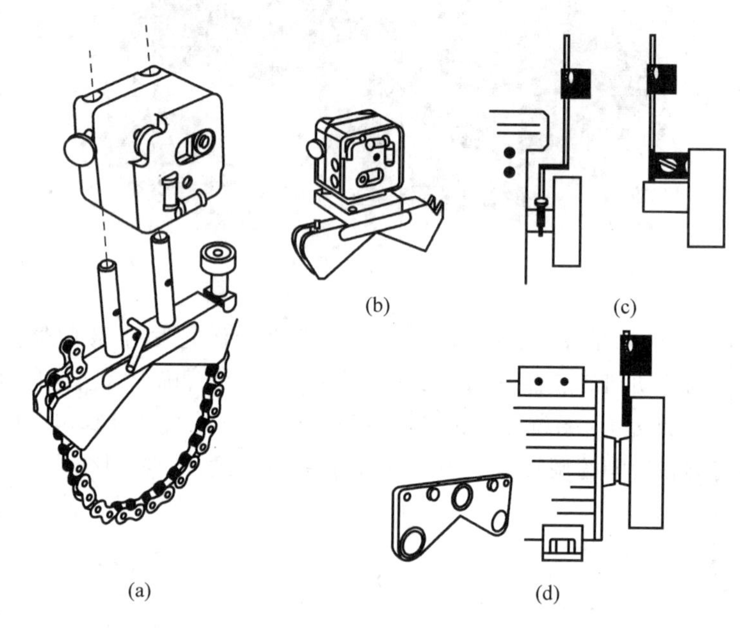

图 7-36 测量单元安装附件的选用

(a) 标准链条安装；(b) 偏移块的使用；(c) 磁座的使用；(d) 磁性轴固定器的使用

本例中采用标准链条安装，如图 7-37 所示，首先用链条将测量单元固定器捆绑到测量轴上（图 7-37(a)），然后将测量单元 M（移动端）安装到电机端固定器上，将测量单元 S（固定端）安装到负载端固定器上（图 7-37(b)），切记不可安装错误。安装之后，要进行适当调整，以保证 S 与 M 两测量单元对正（图 7-37(d)）。激光对中仪配有两条数据传输线，一条连接 S 与 M 两测量单元，另一条连接测量单元与显示单元（图 7-37(e)、图 7-37(f)）。

2. 粗略对中

轻按红色开机按钮即可启动激光对中仪，当转动固定着测量单元的轴时，激光束将划出一道弧，弧的中心和轴的中心重合。在转动过程中，激光束在测量单元表面移动。当对

(a) (b) (c) (d) (e) (f)

图 7-37 安装测量单元

中情况很差的时候，激光束可能打到测量单元的外边，导致测量单元激光接收窗口无法接受到激光束，不能进行正常测量。如果这种情况发生，就必须首先进行粗略对中，具体步骤如下。

(1) 转动固定着测量单元的轴到 9 点钟位置(通过测量单元上的水平气泡确定是否到位)，分别调整 S 与 M 两测量单元上的激光调节旋钮(图 7-38)，调整激光束到两测量单元关闭的目标靶的中心。

(2) 转动固定着测量单元的轴到 3 点钟位置。

(3) 检查激光束打在靶上的位置，调整激光束到靶心距离的一半，如图 7-39 所示。

(4) 若对中情况很差，旋转激光调节旋钮达不到理想状态时，需要调整移动端设备(电机)，使激光束打到靶心。

(5) 在测量开始之前打开目标靶，如图 7-40 所示，至此准备工作结束。

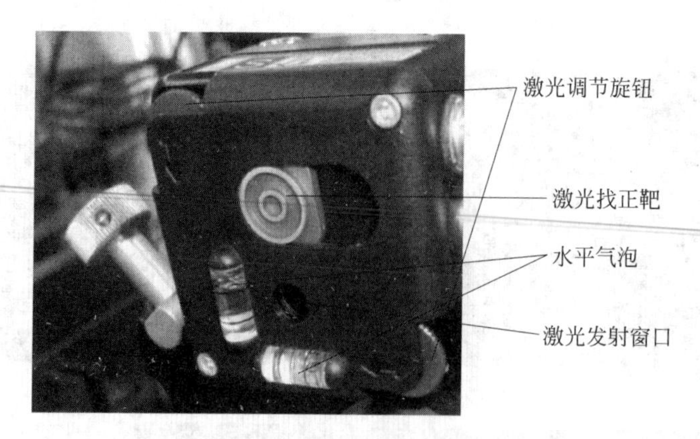

图 7-38 测量单元结构图

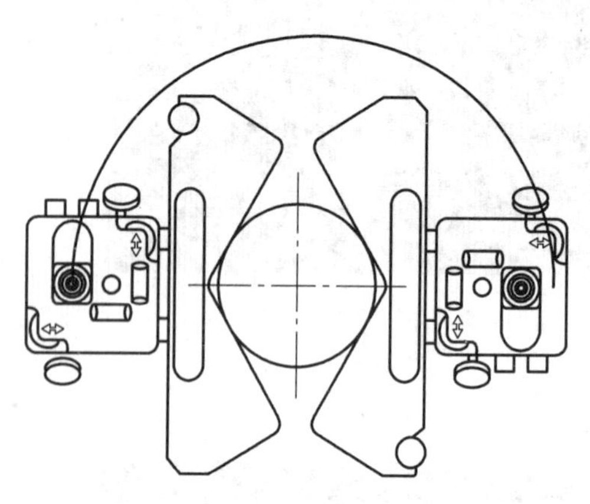

图 7-39 粗略对中

图 7-40 打开目标靶

3. 软脚测量

开机后，显示器屏幕显示两个可选项："11 找正"和"13 软脚测量"，正式找正之前，应先作软脚测量，所以此处选择"13"，在显示器键盘按下"1"和"3"键后即进入软脚测量程序。根据显示器提示分别进行如下操作。

(1) 如图 7-41 所示，按照系统提示依次输入距离 S-C、S-M、S-F1、S-F2，每输入一次，按●键确认。

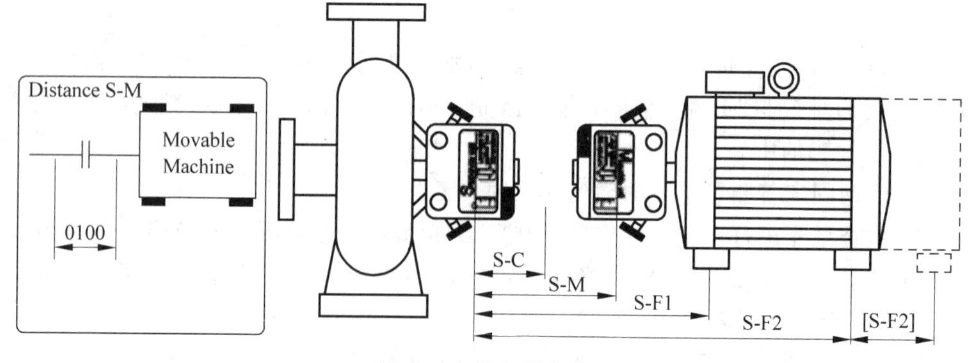

图 7-41 输入距离数

注意：输入距离参数前，按键进入菜单选项，如图 7-42 所示，按“7”键设置距离单位。

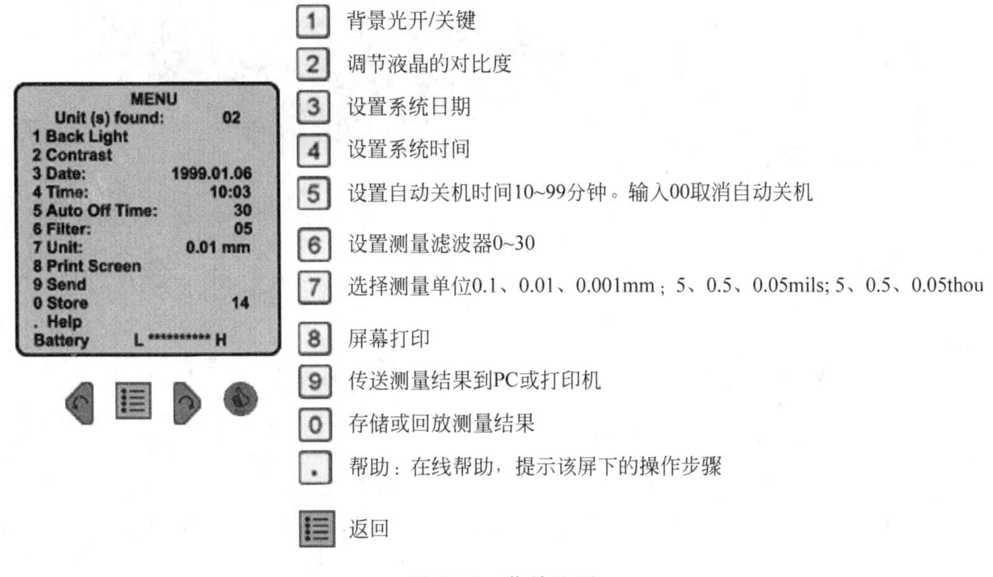

图 7-42 菜单选项

(2) 如图 7-43 所示，按照系统提示将测量单元转到 12 点位置(注意观察水平气泡位置)，按键确认。

(3) 如图 7-44 所示，按系统提示松开再拧紧图示位置螺栓，按键确认。

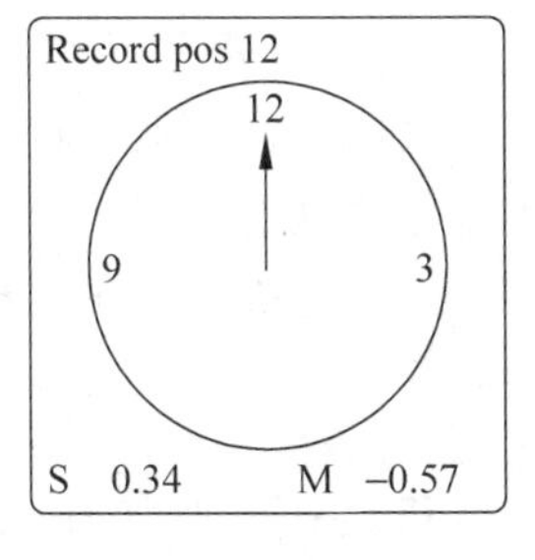

图 7-43 将轴转到 12 点

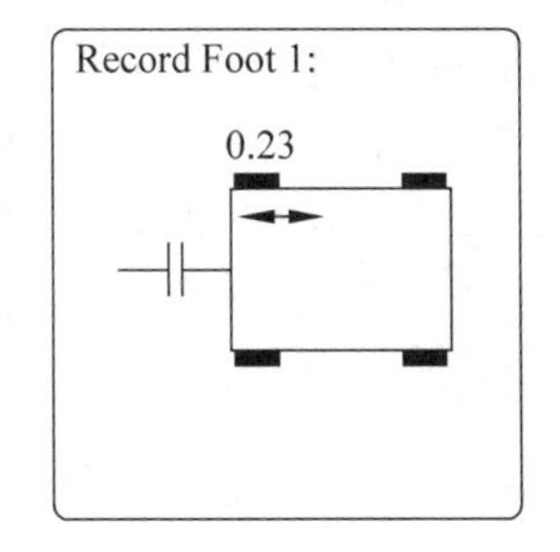

图 7-44 松开再拧紧图示螺栓

(4) 按系统提示重复步骤(3)，依次松开再拧紧其他 3 个地脚螺栓，结果如图 7-45 所示。根据结果将垫片添加到数值较大的地脚螺栓处，如图 7-46 所示，一般情况下软角控制在 0.05mm 即可。

4. 找正

软脚测量结束之后，按键确认，系统将回到选择界面，选择“11”，进入找正程序，按照系统提示进行如下操作。

(1) 如图 7-47 所示，按系统提示将测量单元转到 9 点钟位置，并按键确认，系统将自动记录第一个测量值。

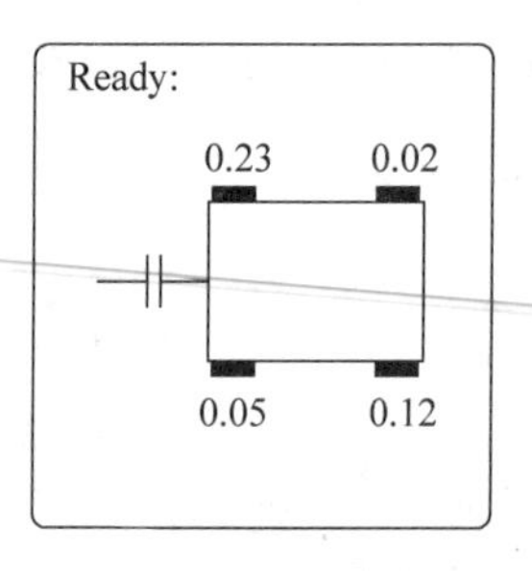

图 7-45 软件测量结果

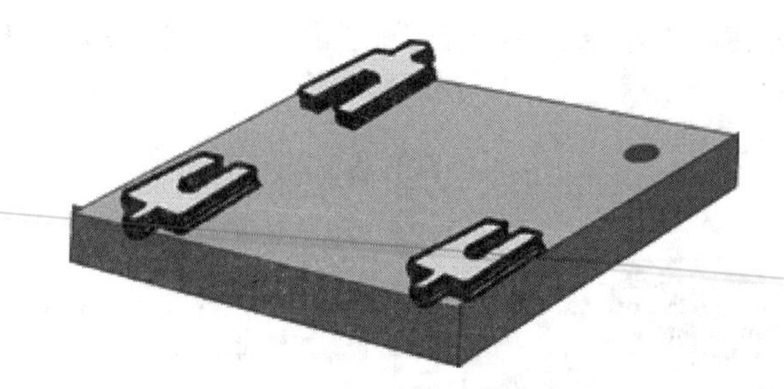

图 7-46 添加垫片

(2) 如图 7-48 所示，按系统提示将测量单元转到 12 点钟位置，并按键确认，系统将自动记录第二个测量值。

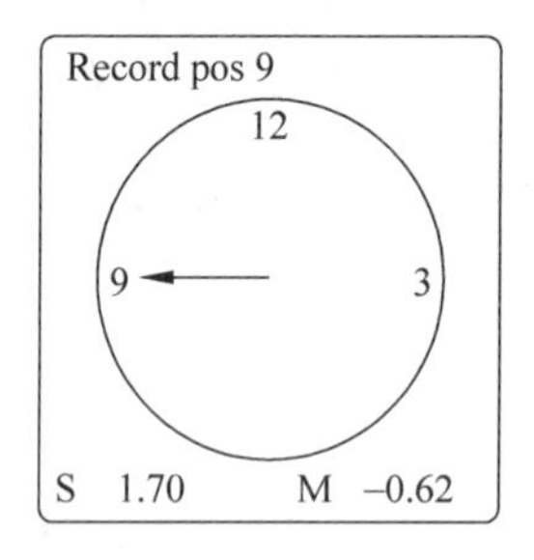

图 7-47 9 点钟位置测量

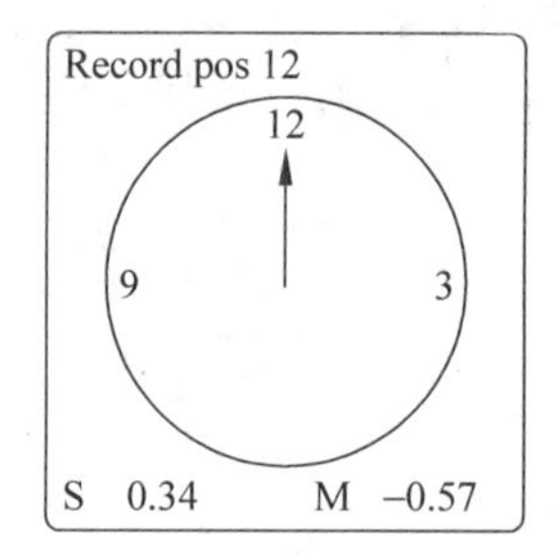

图 7-48 12 点钟位置测量

(3) 如图 7-49 所示，按系统提示将测量单元转到 3 点钟位置，并按键确认，系统将自动记录第三个测量值。

(4) 系统测量结果如图 7-50 所示，当前显示为 3 点钟方向(水平面)的测量结果，按"5"键，切换到竖直方向的测量结果(屏幕上竖直方向两地脚螺栓将显示黑色)，此时必须将测量单元转到 12 点钟位置，然后根据竖直方向的垫平值加减垫片(图 7-51)，"+"为减垫片，"−"为加垫片，注意观察竖直方向，实时调整变化值，直至角位移和径向位移显示值在允许误差范围内即可。

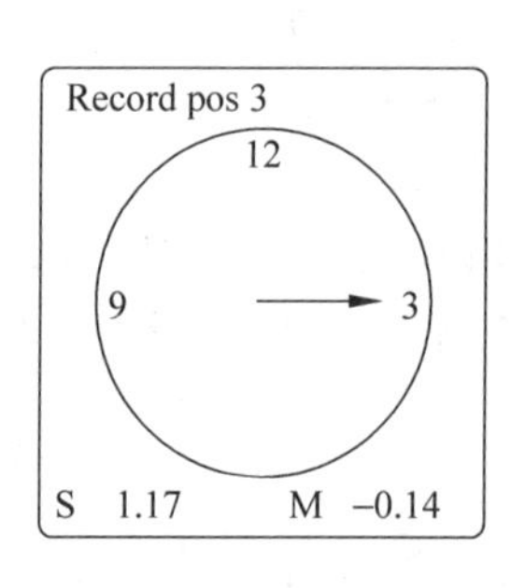

图 7-49 3 点钟位置测量

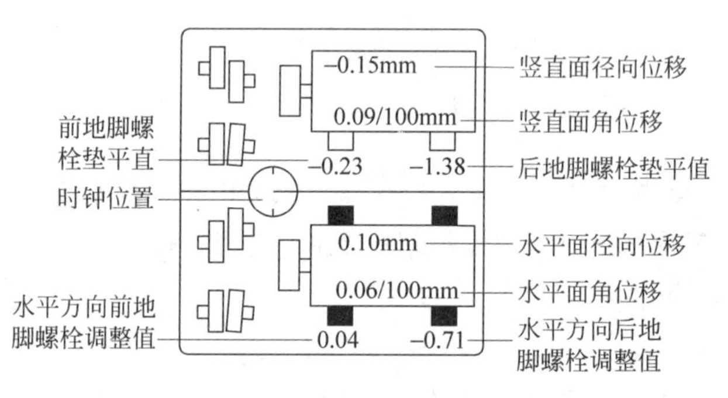

图 7-50 测量结果

竖直面调整结束后，按"5"键，切换到水平方向测量结果(屏幕上水平方向地脚螺栓将显示黑色)，此时必须将测量单元转到 3 点钟位置，然后根据水平方向的调整值通过调整螺钉调整电机位置(图7-52),“+”为向9点钟方向移动电机,“−”为向3点钟方向移动电机,注意观察水平方向,实时调整变化值,直至角位移和径向位移显示值在允许误差范围内即可。

图7-51　加减垫片调整竖直方向安装误差

图7-52　调节螺钉调整水平方向安装误差

5. 开始新的测量

若要重新测量,按“9”键可以从9点钟位置开始新的测量。

思　考　题

1. 常见联轴器种类有哪些?分别应用于哪些场合?
2. 联轴器的找正方法有哪些?分别应用于什么场合?
3. 联轴器找正时,先调整竖直方向还是先调整水平方向?为什么?
4. 联轴器如何进行粗略找正?
5. 联轴器如何进行打表找正?
6. 联轴器如何进行激光找正?

8

项目

制动器的拆装与调整

能力目标

(1) 能识别各种制动器类型,明确其工作原理。

(2) 能按照"6S"操作要求,完成制动器拆装工作。

(3) 能按照"6S"操作要求,对制动器进行调整,保证制动效果。

8.1 相关知识

制动器是具有使运动部件(或运动机械)减速、停止或保持停止状态等功能的装置,是使机械中的运动件停止或减速的机械零件,俗称刹车、闸。

一、常见制动器的类型

制动器种类繁多,按制动件的结构形式可分为块式制动器、带式制动器、盘式制动器等。

1. 块式制动器

块式制动器是靠制动块压紧在制动轮上实现制动的制动器。单个制动块对制动轮轴压力大而不匀,故通常多用一对制动块,使制动轮轴上所受制动块的压力抵消。块式制动器有外抱式和内张式两种。

(1) 外抱块式制动器

外抱块式制动器按操纵装置行程的长短又分为短行程块式制动器和长行程块式制动器;按操纵方式又可分为电力液压块式制动器和电磁块式制动器等。

短行程块式制动器的结构紧凑,紧闸和松闸动作快,但冲击力大。长行程块式制动器可以通过制动杠杆系统产生大的松闸力,但制动动作慢,适于大型制动器。

图 8-1 所示为电力液压块式制动器，当通电时，电力液压推动器动作，其推杆迅速升起，并通过杠杆作用把制动瓦打开(松闸)；当断电时，电力液压推动器的推杆在弹簧力的作用下迅速下降，并通过杠杆作用把制动瓦合拢(抱闸)。

图 8-2 所示为电磁块式制动器，在接通电源时，电磁松闸器的铁心吸引衔铁压向推杆，并通过杠杆作用把制动瓦打开(松闸)；当切断电源时，铁心失去磁性，对衔铁的吸引力消除，因而解除衔铁对推杆的压力，在主弹簧张力的作用下，两制动臂一起向内收摆，带动制动瓦块抱紧制动轮，从而产生制动力矩。

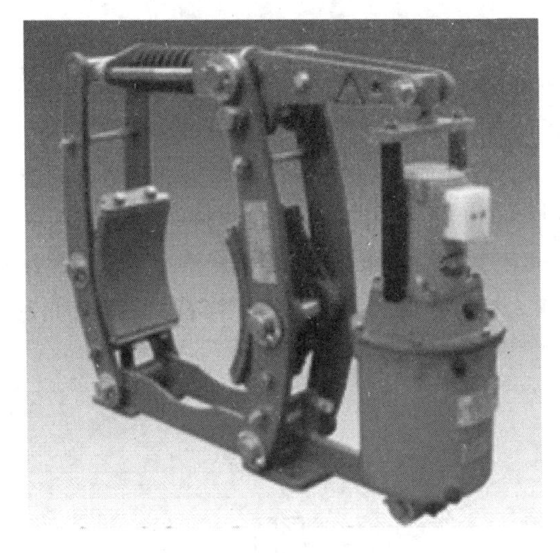

图 8-1 电力液压块式制动器

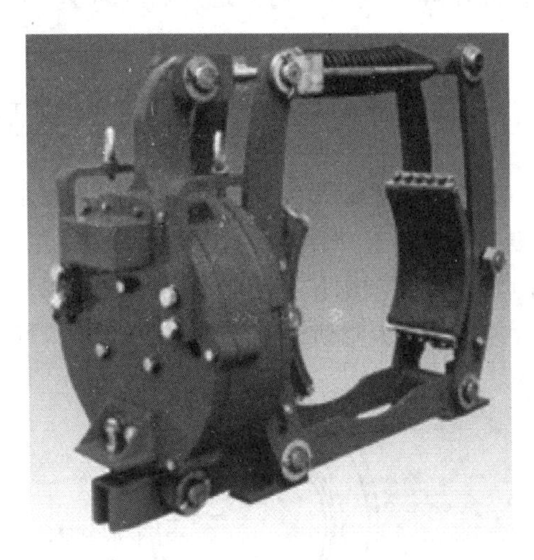

图 8-2 电磁块式制动器

(2) 内张块式制动器

内张块式制动器的制动块位于制动轮的内部，通过踏板、拉杆和凸块使制动块张开，压紧制动轮内面而紧闸，松开踏板则弹簧拉回制动块而松闸。这种制动器也可用液压或气压等操纵。内张式块式制动器结构紧凑，防尘性好，可用于安装空间受限制的场合，广泛用于各种车辆。

图 8-3 所示为车用内张块式制动器，也称作鼓式制动器。踩下踏板输出液压至轮缸，制动蹄在液压力作用下带动摩擦片压紧制动鼓，产生摩擦力而对车轮进行制动。

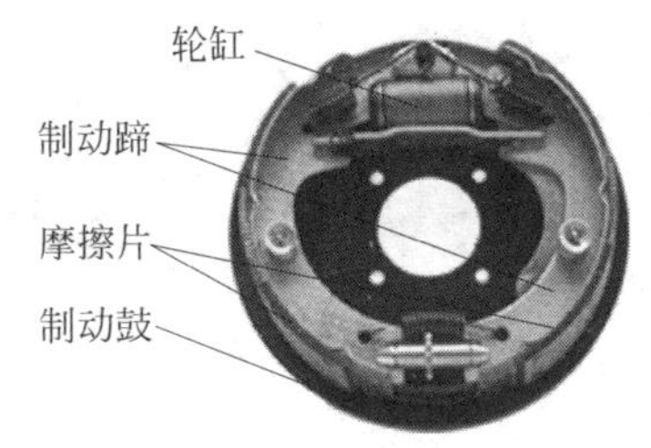

图 8-3 内张块式制动器

为了保持良好的制动效率，制动蹄与制动鼓之间要有一个最佳间隙值。随着摩擦衬片磨损，制动蹄与制动鼓之间的间隙增大，需要有一个调整间隙的机构。过去的鼓式制动器间隙需要人工调整，用塞尺调整间隙。现在轿车鼓式制动器都是采用自动调整方式，摩擦衬片磨损后会自动调整与制动鼓间隙。当间隙增大，制动蹄推出量超过一定范围时，调整间隙机构会将调整杆(棘爪)拉到与调整齿下一个齿接合的位置，从而增加连杆的长度，使制动蹄位置位移，恢复正常间隙。

2. 带式制动器

带式制动器是由包在制动轮上的制动带与制动轮之间产生的摩擦力矩来制动的，按其控制方式不同可分为机械式、气动控制式和液压控制式等。

图 8-4 所示为液压控制式带式制动器，当压力油从活塞右端进入时，作用在活塞上的油压克服弹簧力及活塞左端残余油压，把活塞推向左端，通过推杆使制动带抱紧离合器的外壳，起制动作用；当需要解除制动时，压力油从活塞左端进入，而活塞的右端卸压，活塞在油压和弹簧力作用下迅速右移，制动带释放。

3. 盘式制动器

盘式制动器按结构类型可分为全盘式和点盘式。

(1) 全盘式制动器

全盘式制动器由定圆盘和动圆盘组成。如图 8-5 所示，定圆盘通过导向平键或花键连接于固定轴上，而动圆盘用导向平键或花键装在制动轴上，并随轴一起旋转。当受到轴向力时，动、定圆盘相互压紧而制动。这种制动器结构紧凑，摩擦面积大，制动力矩大，但散热条件差。为增大制动力矩或减小径向尺寸，可增多盘数和在圆盘表面覆盖一层石棉等摩擦材料。

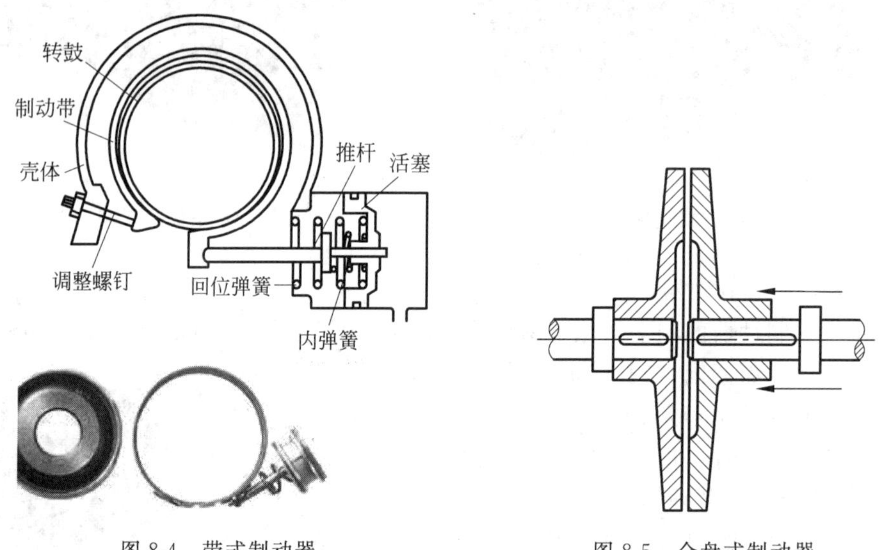

图 8-4 带式制动器　　图 8-5 全盘式制动器

图 8-6 所示为典型的电机用电磁制动器，当制动器线圈通电时，线圈产生磁场使压力盘吸向磁轭，压力盘与摩擦片脱离释放；当线圈断电时，磁通消失，压力盘被释放，弹簧施压于压力盘，并将摩擦片压紧，从而产生制动力矩达到制动的目的。

为了保证制动力矩的大小，应定期检查摩擦片磨损程度，并通过调节螺母调整工作气隙(制动间隙)的大小。

(2) 点盘式制动器

点盘式制动器，也称作钳盘式制动器，制动块通过液压驱动装置夹紧装在轴上的制动盘而实现制动。为增大制动力矩，可采用数对制动块。各对制动块在径向上成对布置，以使制动轴不受径向力和弯矩。点盘式制动器比全盘式制动器散热条件好，装拆也比较方

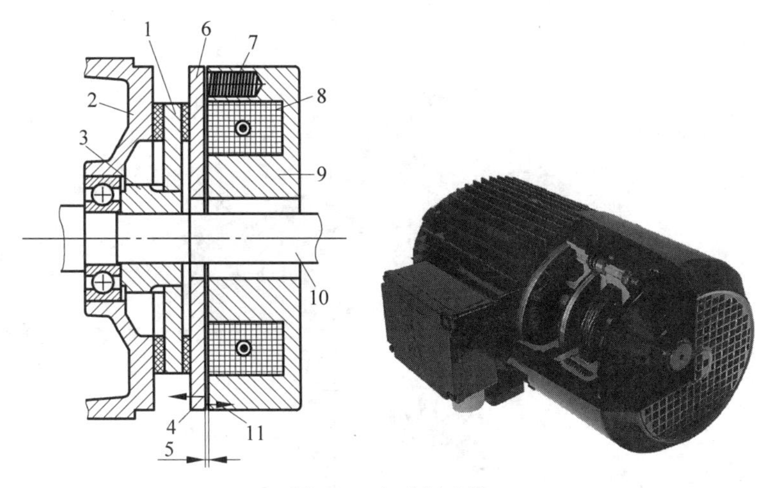

图 8-6 电磁制动器

1—摩擦片；2—制动器底座；3—花键；4—制动力(弹簧压力)；5—制动间隙；6—压力盘；7—制动弹簧；8—制动线圈(绕线部分)；9—制动线圈(铸铁部分)；10—电机转子轴；11—打开力(线圈电磁引力)

便。盘式制动器体积小、质量小、动作灵敏，较多地用于汽车、起重运输机械和卷扬机等机械中。

图 8-7 所示为汽车用盘式制动器工作原理图，制动钳体 2 通过导向销 6 与车桥 7 相连，可以相对于制动盘 1 轴向移动。制动钳体只在制动盘的内侧设置油缸，而外侧的制动块则附装在钳体上。制动时，液压油通过进油口 5 进入制动油缸，推动活塞 4 及其上的摩擦块向右移动，并压到制动盘上，从而使得油缸连同制动钳体整体沿销钉向左移动，直到制动盘右侧的摩擦块也压到制动盘上夹住制动盘并使其制动，其实物图如图 8-8 所示。

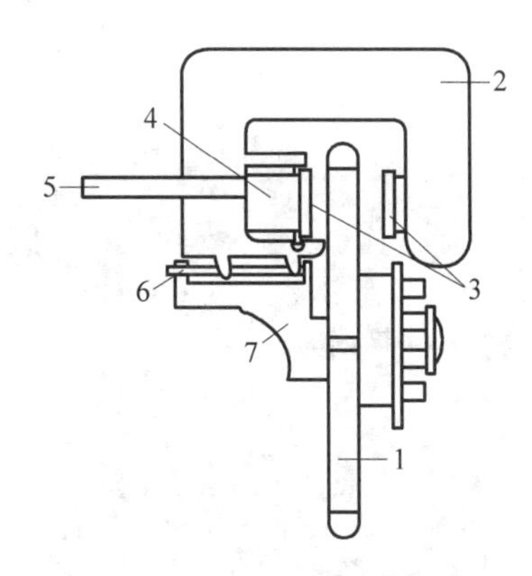

图 8-7 车用盘式制动器工作原理图

1—制动盘；2—制动钳体；3—摩擦块；4—活塞；5—进油口；6—导向销；7—车桥

车用盘式制动器与鼓式制动器相比，有以下优点。

① 一般无摩擦助势作用，因而制动器效能受摩擦系数的影响较小，即效能较稳定。

② 浸水后效能降低较少，而且只需经一两次制动即可恢复正常。

③ 在输出制动力矩相同的情况下，尺寸和质量一般较小。

④ 制动盘沿厚度方向的热膨胀量极小，不会像制动鼓的热膨胀那样使制动器间隙明显增加而导致制动踏板行程过大。

⑤ 较容易实现间隙自动调整，其他保养修理作业也较简便。

⑥ 对于钳盘式制动器而言，因为制动盘外露，还有散热良好的优点。

⑦ 盘式制动器不足之处是效能较低，故用于液压制动系统时所需制动促动管路压力较高，一般要用伺服装置。

图 8-9 所示为典型的起重运输机械用盘式制动器，当机构断电，停止工作时，制动器的驱动装置推动器也同时断电(或延时断电)并停止驱动(推力消除)，这时制动弹簧的弹

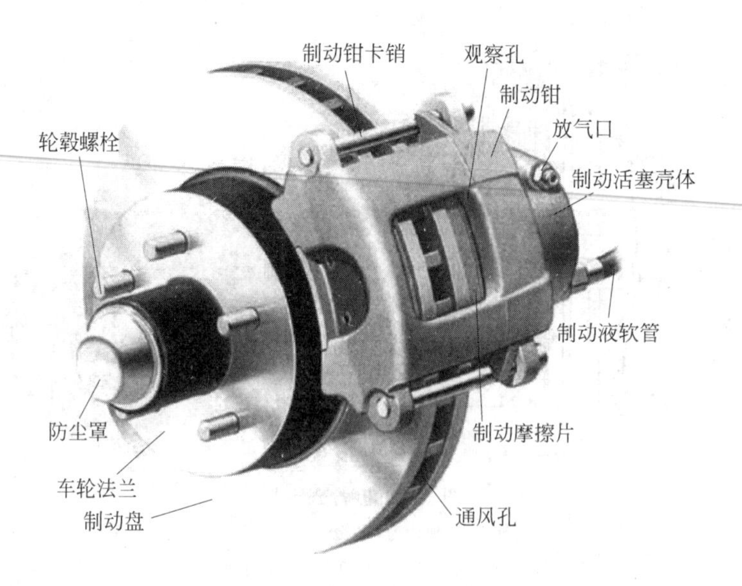

图 8-8 车用盘式制动器

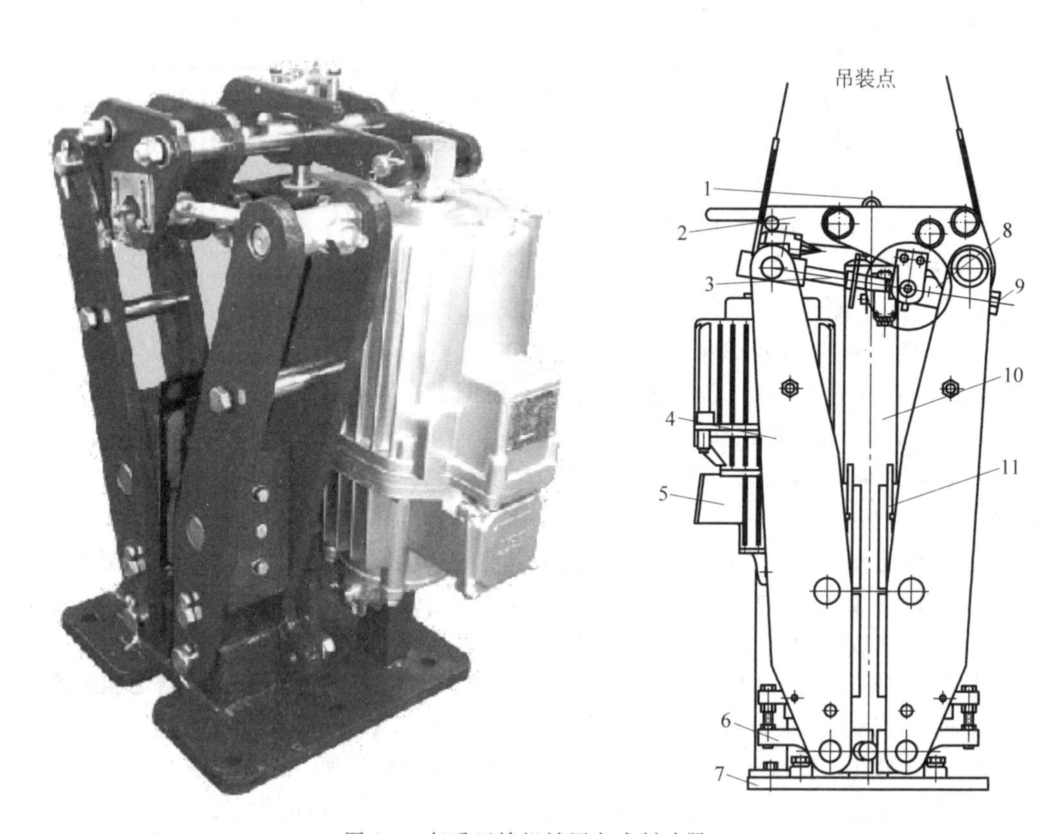

图 8-9 起重运输机械用盘式制动器

1—力矩调整螺母；2—三角板；3—制动拉杆；4—制动臂；5—推动器；6—均等装置；7—底座；8—磨损自动补偿装置；9—退距调整螺母；10—制动弹簧组件；11—制动瓦

簧力通过两侧制动臂传递到制动瓦上，使制动覆面产生规定的压力并建立规定的制动力矩，起到制动作用；当机构通电驱动时，制动器的推动器也同时通电驱动并迅速产生足够的推力推起推杆，迫使制动弹簧进一步压缩，以及带动制动臂向两侧外张，并使制动瓦制动覆面脱离制动盘，消除制动覆面的压力和制动力矩，停止制动作用。

图 8-10 所示为典型的卷扬机用盘式制动器，当液压站中的压力油通过电磁阀的控制进入制动器油缸，压油进一步压缩弹簧并同时推动活塞杆带动两制动臂外张，制动力矩消除；当电磁阀失电复位时，液压油在弹簧力的作用下回流至液压站油箱，同时弹簧力经活塞杆通过制动臂施于制动盘上，从而建立规定的制动力矩。

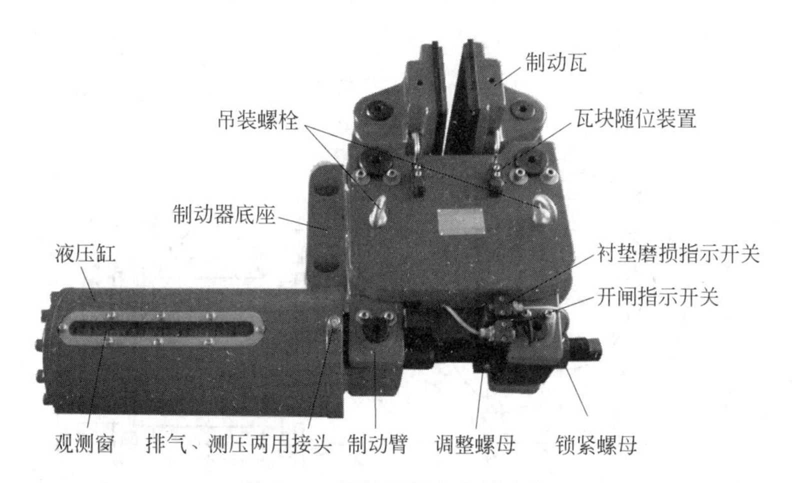

图 8-10 卷扬机用盘式制动器

二、制动器装配技术要求

1. 瓦块式制动器装配技术要求

瓦块式制动器如图 8-11 所示。

(1) 制动器各销轴应在装配前清洗洁净，油孔应畅通；装配后应转动灵活，并应无阻滞现象。

(2) 闸座各销轴轴线与主轴轴线铅垂面的距离，其允许偏差为±1mm。

(3) 闸座各销轴轴线与主轴轴线的铅垂面 *M-M* 间的水平距离 *b* 的允许偏差为±1mm。

(4) 闸座各销轴轴线与主轴轴线水平面 *N-N* 的垂直距离 *h* 的允许偏差为±1mm。

(5) 闸瓦铆钉应低于闸皮表面 2mm；制动梁与挡绳板不应相碰，其间隙值不应小于 5mm。

(6) 松开闸瓦时，制动轮与制动器闸瓦的间隙应均匀，且不应大于 2mm。

(7) 制动时，闸瓦与制动轮接触应良好和平稳；各闸瓦在长度和宽度方向与制动轮接触的长度不应小于 80%。

(8) 油压或气压制动时，达到额定压力后，在 10min 内其压力降不应大于 0.196MPa。

(9) 在额定弹簧工作力和 85%额定电压下操作时，制动器应能灵活地释放。

(10) 在 50%额定弹簧工作力和额定电压下，用额定的操作频率操作时，制动器应能灵活地闭合。

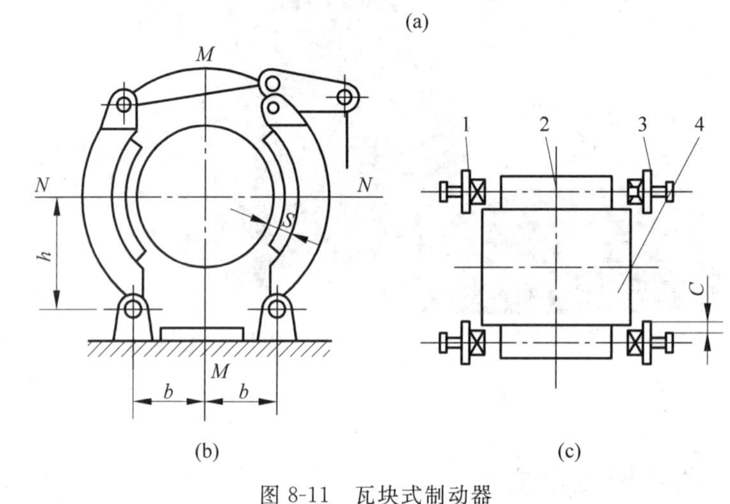

图 8-11 瓦块式制动器

(a) 平移制动器；(b) 角移制动器；(c) 闸瓦和闸座位置

1—闸瓦；2—制动轮；3—制动梁；4—卷筒

M-M—主轴轴线的铅垂面；*N-N*—主轴轴线的水平面；*b*—销轴轴线与主轴轴线的铅垂面的水平距离；*h*—销轴轴线与主轴轴线的水平面的水平距离；*C*—制动梁与挡绳板的间隙；*S*—制动轮与制动器闸瓦的间隙

2. 带式制动器装配技术要求

带式制动器如图 8-12 所示。

(1) 各连接销轴应灵活，并应无卡住现象。

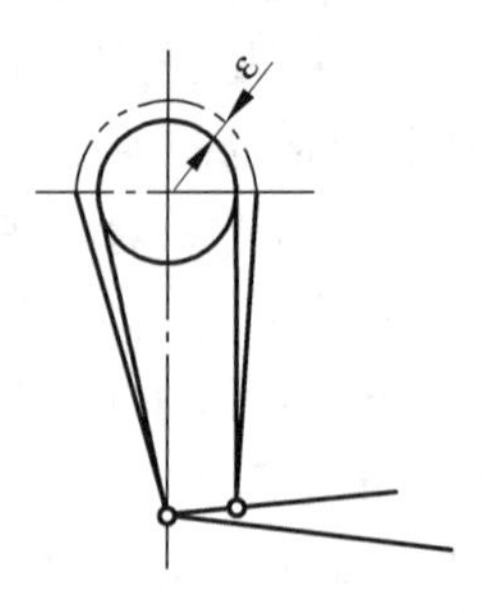

图 8-12 带式制动器

ε-制动带退距

(2) 摩擦内衬与钢带铆接应牢固，不应松动。铆钉头应埋于内衬内，且与内衬表面的距离不应小于1mm。

(3) 制动带退距值应按表8-1调整。

表8-1 制动带退距值

制动轮直径(mm)	制动带退距值(mm)	制动轮直径(mm)	制动带退距值(mm)
100～200	0.8	400～500	1.25～1.5
300	1.0	600～800	1.5

3. 盘式制动器装配技术要求

(1) 制动盘的端面跳动不应大于0.5mm。

(2) 同一副制动器两闸瓦工作面的平行度偏差不应大于0.5mm。

(3) 同一副制动器的支架端面与制动盘中心平面间距(图8-13)的允许偏差为±0.5mm；制动器支架端面与制动盘中心平面的平行度偏差不应大于0.2mm。

(4) 闸瓦与制动盘的间隙应均匀，其偏差宜为1mm。

(5) 各制动器制动缸的对称中心与主轴轴心在铅垂面内的位置度偏差不应大于3mm(图8-14)。

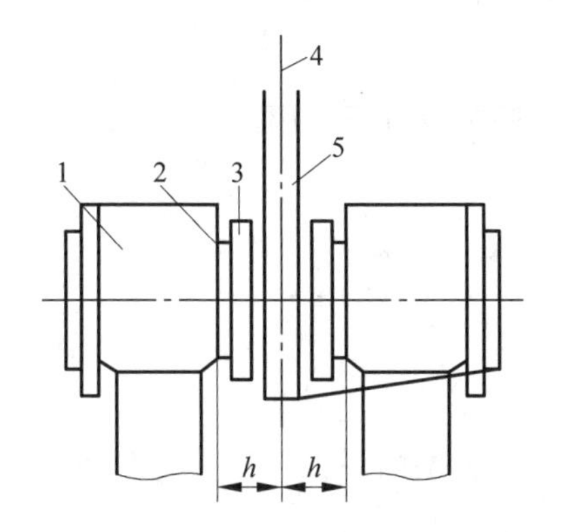

图8-13 支架端面与制动盘中心平面间距
1—支架；2—制动缸；3—闸瓦；
4—制动盘中心面；5—制动盘
h—支架端面与制动盘中心平面间距离

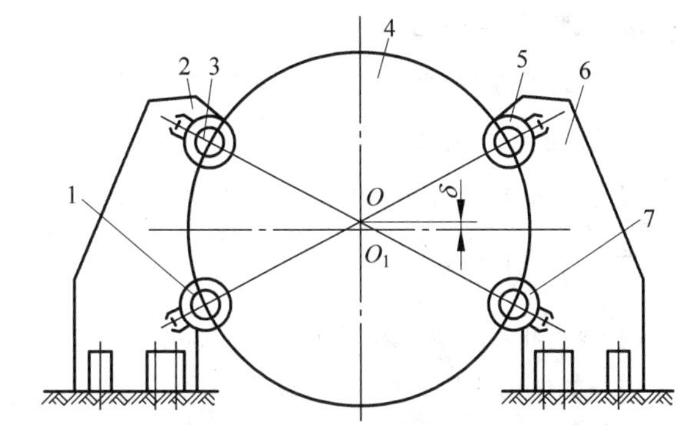

图8-14 铅垂面内位置度偏差
1、3、5、7—制动器；
2、6—制动器支架和支座；4—制动盘
O—制动器中心；O_1—制动盘中心；δ—位置度偏差

(6) 制动器在制动时，每个制动衬垫与制动盘工作面的接触面积不应小于有效摩擦面积的60%。

(7) 制动器应调至最大退距，在额定制动力矩、制动弹簧工作力和85%额定电压下操作时，制动器应能灵活地释放。

(8) 制动器应调至最大退距，在50%弹簧工作力和额定电压下，用推动器的额定操作频率操作时，制动器应能灵活闭合。

8.2 拆装电磁制动器

如图 8-15 所示，本节训练拆装该电机上的电磁制动器，具体工作过程如下。

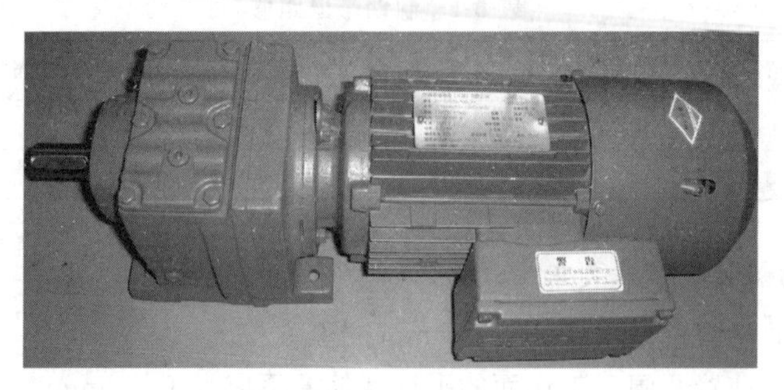

图 8-15 电机

一、准备工作

1. 准备工用具

准备好拆装工用具：螺纹连接工具套组、塞尺、游标卡尺、清洁布。

2. 整理工作场地

对装配场地进行整理，清洁装配用工件和工具，并归类放置好备用。

3. 准备劳保用品

操作人员需穿戴好 PPE(个人防护设备)：工作服、安全眼镜、安全鞋。

二、拆卸操作

(1) 拆卸风扇罩连接螺钉，取下风扇罩，如图 8-16 所示。

(2) 如图 8-17 所示，用卡簧钳取下对风扇进行轴向定位的弹性挡圈(卡簧)，然后用拉拔器将风扇拆卸下来，如图 8-18 所示。

图 8-16 拆卸风扇罩

图 8-17 拆卸弹性挡圈

(3) 如图 8-19 所示，拆卸制动器引线，注意记住引线的连接方式，方便安装。

图 8-18　拆卸风扇

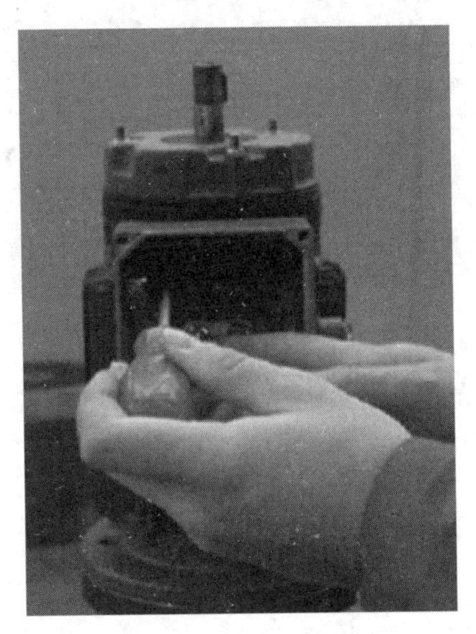

图 8-19　拆卸引线

(4) 如图 8-20 所示，小心地将制动器引线抽出，最好将引线包裹一下，防止在抽拽过程中磨损线皮。

(5) 如图 8-21 所示，轻轻取下制动器防尘圈，尽量避免刮蹭。

图 8-20　抽出制动器引线

图 8-21　拆卸防尘圈

(6) 如图 8-22 所示，用套筒扳手按顺序分次逐步松开制动器调整螺母。

(7) 如图 8-23 所示，将制动线圈和压力盘以及弹簧一起拆下，避免单独拆卸造成压力盘与制动线圈间弹簧掉出。

图 8-22 拆卸调整螺母

图 8-23 取出制动线圈和压力盘以及弹簧

(8) 如图 8-24 所示，将摩擦片拆下。

三、安装操作

(1) 清洁摩擦片，检查有无破损，用游标卡尺测量其厚度(其最小厚度值可查阅使用说明书)，根据磨损程度判断其能否继续使用。

(2) 如图 8-25 所示，安装摩擦片，注意摩擦片正反面的方向。

图 8-24 拆卸摩擦片

图 8-25 安装摩擦片

(3) 如图 8-26 所示，安装制动线圈、压力盘以及弹簧。

(4) 用套筒扳手上紧制动器调整螺母，注意保证工作气隙(具体值可查阅使用说明书)大小，用塞尺分别在压力盘与摩擦片间相隔 120°测量 3 处，如图 8-27 所示。

(5) 如图 8-28 所示，小心地安装防尘圈。

(6) 如图 8-29 所示，小心地将制动器引线引入接线盒并固定，注意红、蓝、白三线的接线位置，另外一定要拉紧制动线，不要使其积存在电机内部，可适当进行包裹，防止线皮被破坏。

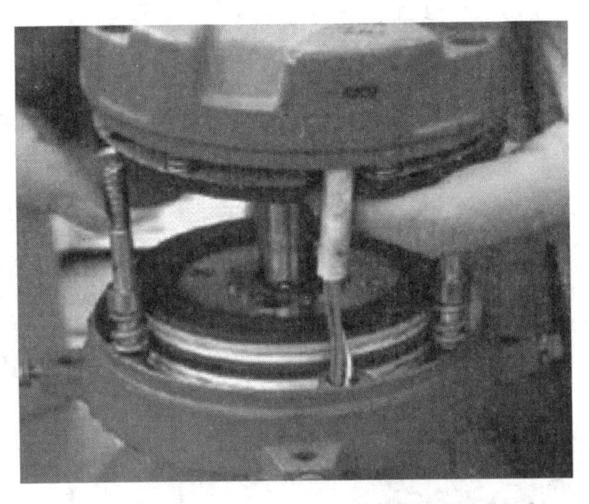

图 8-26 安装制动线圈、压力盘以及弹簧

图 8-27 调整制动间隙

图 8-28 安装防尘圈

图 8-29 引入制动器引线

(7) 如图 8-30 所示，安装风扇，并用弹簧挡圈固定。

(8) 如图 8-31 所示，安装风扇罩及线盒盖，完成操作。

图 8-30 安装风扇

图 8-31 安装风扇罩

(9) 通断制动器电源,检查制动效果,制动器应动作灵活,无卡滞现象。

四、工作结束

清理工作场地,收工具。

8.3 安装液压钳盘式制动器

如图 8-32 所示,本节训练将该液压钳盘式制动器安装到设备上,具体工作过程如下。

图 8-32 液压钳盘式制动器

一、准备工作

1. 准备工用具

准备好拆装工用具:螺纹连接工具套组、吊装工具、直尺、清洁布。

2. 整理工作场地

对装配场地进行整理,清洁安装用工件和工具,并归类放置好备用。

3. 准备劳保用品

操作人员需穿戴好 PPE(个人防护设备):工作服、安全眼镜、安全鞋。

二、安装操作

(1) 关闭设备电源,并上锁挂牌,保证操作过程安全性。

(2) 检查制动衬垫摩擦面是否沾有影响摩擦力的油污、油漆及其他杂质。制动盘表面不得有较严重的锈蚀、油污、电焊伤痕、不平整等缺陷,严禁使用已发生裂纹或其他严重缺陷的制动盘。

(3) 将制动器安装在支架上。

① 如图 8-33 所示,先松退退距调整螺母,再旋退锁紧螺母使制动臂打开,并保证制动衬垫间的距离大于制动盘厚度 2mm 以上。

② 如图 8-34 所示,通过吊装将制动器安放到安装底座上,将制动器移入制动盘,并保证制动器安装孔对准底座螺栓孔。

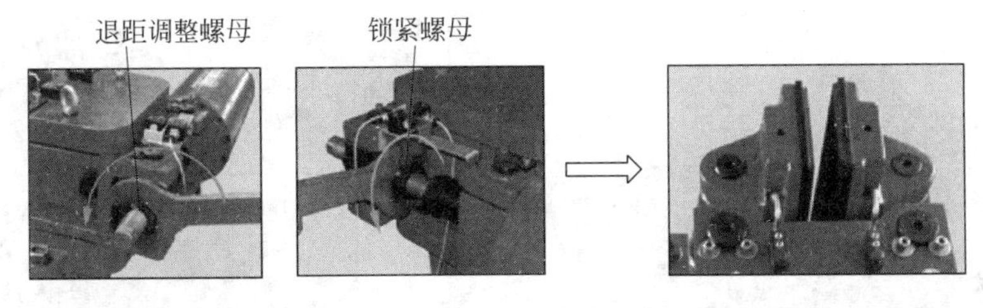

图 8-33 抽出制动器引线

③ 如图 8-35 所示，制动器位置确定后，穿上地脚螺栓并拧上螺母，但不要拧紧，然后顺时针旋转退距调整螺母使制动器闭合，随后拧紧地脚螺栓，接好行程开关电缆。

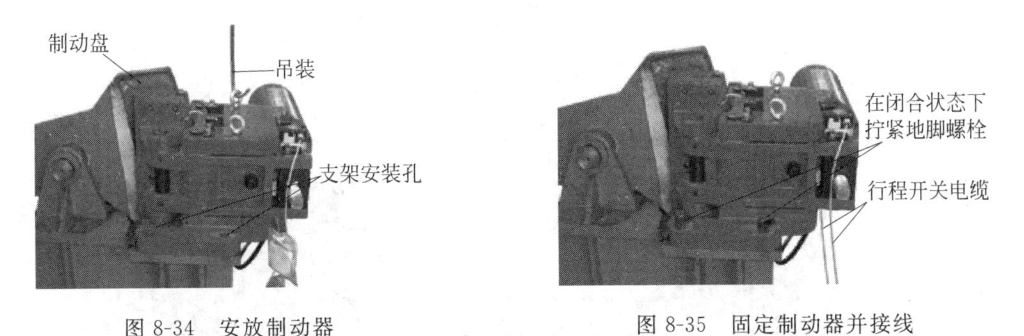

图 8-34 安放制动器　　图 8-35 固定制动器并接线

(4) 如图 8-36 所示，连接液压油管至液压缸，并对液压缸进行排气，排气时把护帽下的套环拿下，再拧紧护帽便可，排完气后要恢复原样。

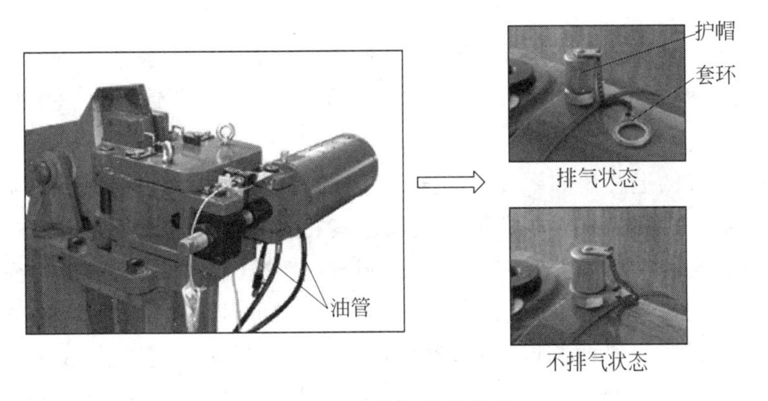

图 8-36 连接管路并排气

(5) 调整夹紧力和退距。如图 8-37 所示，用电控操作将制动器打开，松退锁紧螺母，向制动臂方向旋转调整螺母一定距离，再将制动器闭合，观察活塞杆(无螺纹段)露出油缸端面长度尺寸 $L=60$mm(不同型号制动器此值不同)时，夹紧力和退距便达到额定值，停止旋转调整螺母，将锁紧螺母并紧。

(6) 调整瓦块随位装置。如图 8-38 所示，为确保在开闸时两制动瓦块能完全脱离制动盘，在两瓦块上设置了弹簧式瓦块随位机构。调整时先将随位装置上的螺钉拧松，使钢

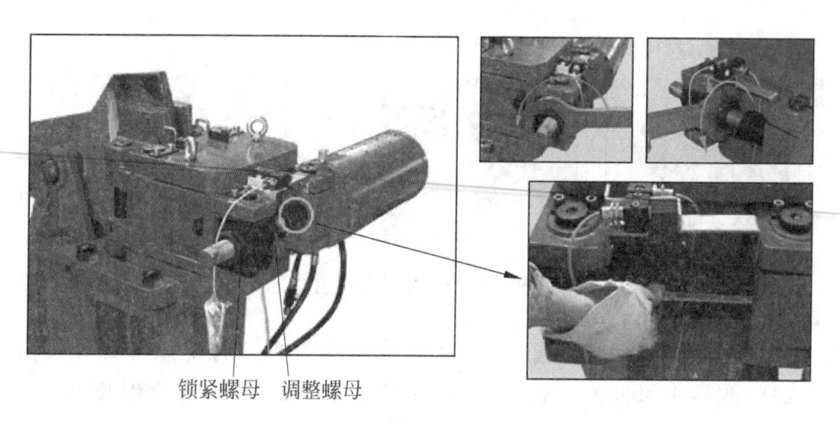

图 8-37 调整退距

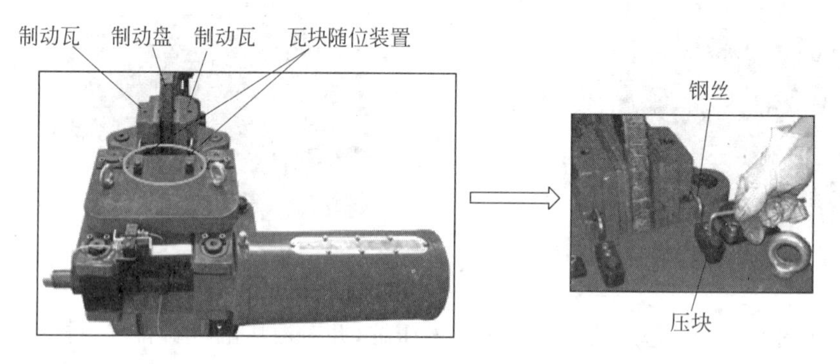

图 8-38 调整瓦块随位装置

丝处于自由状态；然后使制动器处于正常闭合状态，用内六角扳手拧紧两个螺钉即可。调整后在使用过程中一般不用再调整（如由于振动等原因导致螺钉松动时，需要进行调整）。

（7）调整均等的退距。如图 8-39 所示，打开制动器，观察两边制动瓦与制动盘的间隙是否一致，若不一致，则调节退距调整装置使其相等。调节方法是：先拧松两侧退距调整装置的锁紧螺母（两侧），若有一边间隙大，则将退距较大一侧的调整螺栓往里拧（注意：此时退距较小的另一侧调整螺栓与底座侧壁之间应有间隙，如没有间隙应先将该侧螺钉拧退出足够的间隙），直至两侧退距基本相等（目侧），然后再将退距较小一侧的调整螺钉拧至与底座侧壁之间的距离为 0.2～0.5mm 为止，最后并紧两侧锁紧螺母。

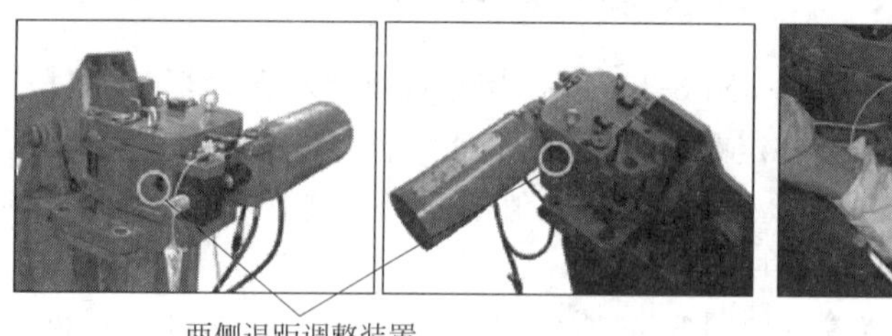

图 8-39 调整两侧退距均等

(8) 调整行程开关。如图 8-40 所示,制动器上安装有制动器开合限位联锁(指示)开关和一个衬垫磨损限位联锁(指示)开关。行程开关的调整主要是调节其对应位置,方法如下:拧松开关座上的两个锁紧螺钉(不要拆下),使开关可前后移动,用卡尺测量 X、Y 尺寸,使其符合表 8-2 的规定;如不符合则移动开关至达到要求为止,最后拧紧锁紧螺钉。

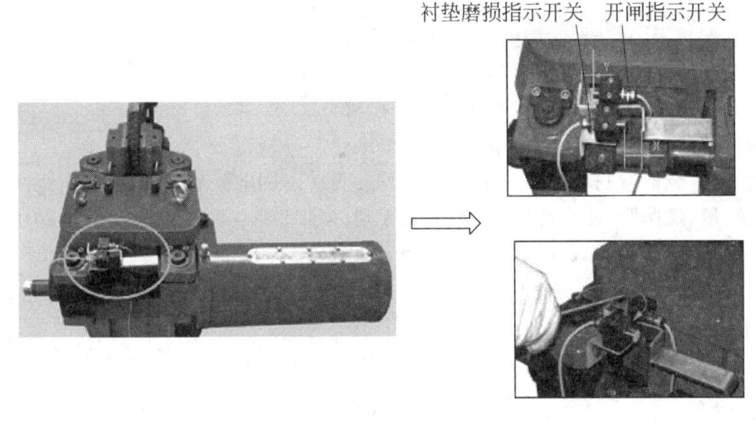

图 8-40 调整行程开关

表 8-2 行程开关调整参考

开关功能	衬垫磨损指示		制动器开/合指示	
退距	制动器闭闸	制动器开闸	制动器闭闸	制动器开闸
	间隙 Xmm		间隙 Ymm	
2mm	约 7.5	约 17.5	约 14	约 4

(9) 通断制动器电源,检查制动效果,制动器应动作灵活,无卡滞现象。

三、工作结束

清理工作场地,收工具。

思 考 题

1. 常见制动器种类有哪些?分别应用于哪些场合?
2. 瓦块式制动器工作原理是什么?
3. 带式制动器工作原理是什么?
4. 电磁制动器工作原理是什么?
5. 盘式制动器工作原理是什么?
6. 瓦块式制动器装配技术要点有哪些?
7. 带式制动器装配技术要点有哪些?
8. 盘式制动器装配技术要点有哪些?

参考文献

[1] 闻邦椿.机械设计手册[M].北京：机械工业出版社，2010.
[2] 徐兵.机械装配技术[M].北京：中国轻工业出版社，2008
[3] 黄祥成.钳工装配问答[M].北京：机械工业出版社，2000.
[4] 常洪.轴承装配工艺[M].郑州：河南人民出版社，2006.
[5] 魏龙.密封技术[M].北京：化学工业出版社，2008.
[6] 张展.联轴器、离合器与制动器设计选用手册[M].北京：中国劳动和社会保障出版社，2009.
[7] 常德功，樊智敏，孟兆明.带传动和链传动设计手册[M].北京：化学工业出版社，2010.
[8] Thomas Bieber Davis & Carl A. Nelson. Millwrights & Mechanics Guide[M]. Wiley Publishing Inc, 2004.